林草数字化技术系列丛书

林业数据管理发布系统研究与实践

刘新科　彭词清　秦　琳　主编

中国林業出版社
China Forestry Publishing House

图书在版编目（CIP）数据

林业数据管理发布系统研究与实践/刘新科，彭词清，
秦琳主编．—北京：中国林业出版社，2022.12

ISBN 978-7-5219-2014-7

Ⅰ.①林… Ⅱ.①刘… ②彭… ③秦… Ⅲ.①林业—
数据管理系统—研究 Ⅳ.①S7

中国版本图书馆 CIP 数据核字（2022）第 248621 号

策划编辑：李 顺
责任编辑：王思源 李 顺
封面设计：传奇书装

出版发行：中国林业出版社
（100009，北京市西城区刘海胡同 7 号，电话 83223120）
电子邮箱：cfphzbs@163.com
网址：www.forestry.gov.cn/lycb.html
印刷：北京中科印刷有限公司
版次：2022 年 12 月第 1 版
印次：2022 年 12 月第 1 次
开本：787mm×1092mm 1/16
印张：10.75
字数：185 千字
定价：98.00 元

《林业数据管理发布系统研究与实践》

编　委　会

主　编　刘新科　彭词清　秦　琳

副主编　黄宁辉　孟先进　薛冬冬

编　委　（按姓氏笔画排名）

马东雷　华国栋　刘　旭　关熊飞

孙小杰　运晓东　李延峰　李爱英

吴梓彦　邸宝刚　张水花　张　悦

陈晓军　陈楚民　陈　鑫　胡圣元

贺银林　郭盛才　薛亚东　魏安世

序

山水林田湖草沙是一个生命共同体。在数字中国建设已上升为国家战略的背景下，时代的发展要求林草行业加快数字化改革。只有深化林草数字化转型，才能更准确地掌握林草行业资源及其动态变化，更好地助力林草行业高质量发展，更高效地开展生态保护与修复工作，广泛普及生态知识，培育生态意识，树立起牢固的生态文明观。

深化林草数字化转型，需要充分利用物联网、大数据、人工智能、云计算、数字孪生、移动互联网等新一代信息技术手段，转变林草资源监督和生态保护思路，推进“天空地人网”一体化生态感知体系和智慧林业发展，实现林草资源万物互联、立体感知、协同监管和智能服务，全面提升林草行业治理体系和治理能力现代化水平，开创现代林草高质量发展新模式。

广东省林业调查规划院为推动林草领域数字化优化升级，围绕数据治理、智能解译和数据管理发布等方面开展了相关技术研究和应用。其中“林草数字化技术系列丛书”是重要的研究成果之一，凝聚了林草一线科技工作人员的智慧。丛书很好地反映和展现了林草数字化改革建设的最新进展和应用实践，对于林草数字化转型落地具有重要意义，相信丛书的出版对于我国广大从事林草资源管理、林草信息化教学、科研和生产实践人员具有很高的参考价值。

中国科学院院士 唐守正

前　　言

当今世界，信息技术创新日新月异，以数字化、网络化、智能化为特征的信息化浪潮蓬勃兴起。没有信息化就没有现代化。党的十八大以来，以习近平同志为核心的党中央把信息化作为我国抢占新一轮发展制高点、构筑国际竞争新优势的契机。林业信息化是国家信息化的重要组成部分，是现代林业建设的基本内容，也是衡量林业生产力发展水平的重要标志。

林业信息化的内涵丰富，从范围上看，涉及林业的各个领域；从内容上看，是采集、开发和利用信息资源；从目的上看，是促进生态建设、林业产业、生态文化和行政管理的科学发展。只有加快林业信息化，才能将林地、草地、湿地、沙地和生物多样性等基础林业资源数据落实到山头地块，解决好“资源分布在哪里”“林子造在哪里”“治沙治在哪里”等问题；只有加快林业信息化，才能构建四通八达的网络信息体系，及时掌握行业发展情况，为政府科学决策提供支持；只有加快信息化，才能把林业的声音更好地传达出去，普及生态知识，培育生态意识，树立起牢固的生态文明观。因此，建设林业信息化系统平台，制定数据标准规范、保障系统间无缝对接、建立数据信息化管理和健全数据开发共享的管理制度，是推进林业时空数据信息化管理和空间分析应用服务，激活林业数据要素价值，改变林业数据管理、服务模式，实现林业行业数字化、网络化、智能化的重要举措。

本书编委团队紧扣林业数据管理与发布系统建设的工作重点和技术要点，详细介绍了系统的基础理论、功能设计、数据库设计等内容，对多源林业数据资源管理、基于微服务和高并发的系统框架设计、海量数据服务快速渲染展示等关键点开展了技术研究，实现了林业数据资源信息化管理、服务发布、综合展示和分析决策等综合服务能力，并对广东省林业数据的管理和发布进行了应用实践，最后总结展望了林业信息化发展趋势。本书可为林业数据管理、展示分析应用以及信息系统建设等人员提供学习参考，并为提升林业数据管理能力和应用服务水平提供技术支撑。

全书共分 7 章，第 1 章结合国内外林业信息化发展情况，分析了当前我国林业信息化存在的问题，并根据“智慧林业”建设需求，提出了林业数据管理与服务发布系统建设过程中存在的难点和挑战。第 2 章介绍了系统研发涉及的桌面端软件、Web 端服务、WebGIS 等相关开发基础理论知识；第 3 章进行了系统关键技术应用研究，解决了系统建设中存在的技术难点；第 4 章对系统进行功能设计，从系统总体设计、功能设计等方面对系统建设进行了说明；第 5 章从逻辑设计、物理设计、安全设计等角度对系统运行的数据库建库和管理进行了说明；第 6 章为系统应用实践，以广东省林业数据资源为例，开展数据管理、服务发布、数据展示、统计汇总、辅助决策和配置管理等应用示范和效果呈现实践；第 7 章对林业信息化系统建设进行了总结与展望，提出了未来林业信息化发展的思考和建议。

本书在编写过程中，参考了许多学者、专家的论文和专著，同时，也得到了广东省林业局、广东省林业事务中心、广东省岭南院勘察设计有限公司、北京吉威数源信息技术有限公司等单位的支持和协助。在此，向所有给予本书帮助的各位领导、专家和同仁表示衷心感谢。由于编者水平有限，书中难免有疏漏和不足之处，敬请有关专家和广大读者批评指正。

编者

2022 年 8 月

目　录

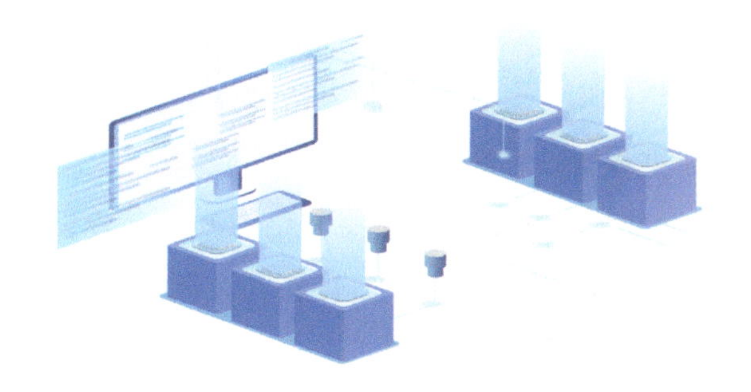

第1章 绪论

在“数字中国”建设的大环境下，以新技术、新理论，实现林业资源数据综合管理与高效应用，是新时代发展提出的新要求、新目标。本章结合国内外林业信息化发展情况，分析了我国林业信息化当前存在的问题，根据“智慧林业”建设的需求，提出了林业数据管理与服务发布系统建设的重点与难点，明确了数据是底座、业务是标靶、技术是手段的系统建设原则，确定了林业数据管理发布研究方法、实践内容和技术路线。

1.1 研究背景

党的十八大以来，党中央、国务院高度重视网络安全和信息化工作，党的十九大报告提出建设网络强国、数字中国、智慧社会。

《中华人民共和国国民经济和社会发展第十四个五年规划和 2035 年远景目标纲要》提出，迎接数字时代，激活数据要素潜能，推进网络强国建设，加快建设数字经济、数字社会、数字政府，以数字化转型整体驱动生产方式、生活方式和治理方式变革[1]。时代的发展，要求我们加快数字化发展，建设数字中国。

《“十四五”国家信息化规划》指出，习近平总书记强调，没有信息化就没有现代化。信息化为中华民族带来了千载难逢的机遇，必须敏锐抓住信息化发展的历史机遇。加快数字化发展、建设数字中国，是顺应新发展阶段形势变化、抢抓信息革命机遇、构筑国家竞争新优势、加快建成社会主义现代化强国的内在要求，是贯彻新发展理念、推动高质量发展的战略举措，是推动构建新发展格局、建设现代化经济体系的必由之路。直面“后疫情时代”全球产业链供应链深刻变化、全球治理体系深刻变革，适应我国社会主要矛盾变化，加快数字化发展、建设数字中国，是培育新发展动能，激发新发展活力，弥合数字鸿沟，加快推进国家治理体系和治理能力现代化，促进人的全面发展和社会全面进步的必然选择[2]。

《“十四五”林业草原保护发展规划纲要》提出，加强生态网络感知体系建设，一是加快林草大数据管理应用基础平台建设，以遥感、5G、云计算、大数据、人工智能等新一代信息技术为支撑，以林草综合监测数据为基础，建成林草生态网络感知系统，实现林草资源监督管理、预警预测、动态监测、综合评估等多功能，提升林草资源管理水平，推动实现多维度、全天候、全覆盖的监管监测工作目标，推进陆地生态系统碳监测卫星技术应用。二是形成林草资源“图、库、数”，对森林、草原、湿地、荒漠、国家公园等自然保护地、陆生野生动植物、重大生态工程等监测数据和森林草原防火防虫、沙尘暴预报等防灾应急数据集成开发，形成林草资源“图、库、数”及智慧应用，实现林业草原国家公园重点领域动态监测、智慧监管和灾害预警。建设一批信息化试点示范[3]。

1.2 国内外研究概况

1.2.1 国外研究概况

林业管理综合信息服务系统在国外应用较早，自 20 世纪 50 年代末期美国率先将计算机引入林业，经过近半个世纪的研究和应用，从最初的科学运算工具发展到现在的综合信息管理和决策系统，促使林业的管理技术和研究手段发生了很大的变化。从 20 世纪 80 年代起，国外就出现了大量的森林资源统计、森林资源估测软件和森林资源管理信息系统。到 20 世纪 90 年代，这类软件和系统逐渐走向成熟，典型的软件如 SAS、SPSS、MATHEMATICA 等普遍应用在林业的统计分析中。国外的森林资源和林业管理综合信息服务系统的研制主要有两类：一类是在科研部门、大学或政府的协助下建立的；另一类是商业公司开发的应用于林业行业的信息系统。随着互联网的出现，林业研究和教育部门都纷纷建立自己的信息网站，信息系统的发展逐步向 Web 集成的方向发展，同时单一的信息检索开始向信息分析方向发展。有如以下一些典型的系统。

1983 年，德国联邦政府和各州开始联合建立食物、农业和林业信息系统(information system for food，agriculture and forestry，FIS-ELE)。该系统建立了德国全国的农业和林业信息数据库，为其合理利用资源、共享数据提供了服务。同时，该系统为德国农业和林业信息网络（German agricultural information network，DAINet）提供了大量的文档资料和其他数字信息。从 1986 年开始，美国宾夕法尼亚州就一直致力于综合资源信息系统（integrated resource information system，IRIS）的研究和系统产品的开发，该系统在帮助林业、农业和林产品专业人员提供信息服务和辅助决策方面取得了很大的成功[4]。

20 世纪 90 年代，加拿大林业部开始建立国家林业信息系统（national forestry information system，NFIS），采用了统一的林业元数据标准，建立了国家林业数据仓库。该系统综合了遥感数据、样地森林蓄积数据、国家林业数据库和其他联邦省份的地理信息，利用最新的数据处理和建模技术，采用分布式的数据库平台，实现了森林资源监测、综合统计报表等功能。加拿大 Cuestasys 公司开发的林业信息系统，利用地理信息系统（GIS）和模型化的集成，达到对林地规划、造林、培育、采伐等经营管理。佐治亚大学的农业和环境科学学院建立了昆虫和森林资源电子信息系统，提供大量数字化的昆虫、林火、林作物、森林资源、森林土壤和环境等信息的检索查询和管理服务。芬兰森林研究所建立了万维网（WWW）虚拟林业图书馆，提供林业书籍、期刊、科技论文、会议等科技信息查询，同时提供各种森林资源、林产品和林业相关数据库的在线查询检索。1999 年，欧洲森林生态系统研究网，在欧盟委员会的赞助下建立并运行，该系统建立了覆盖欧洲国家的森林和生态数据库，为森林生态研究人员提供了大量的技术资料。美国密西西比州立大学森林资源学院林业科学系在国家宇航局（NASA）的赞助下研建立了森林蓄积量监测信息系统（forest monitoring inventory and information system），该系统利用卫星影像数据生成森林立地类型图，对森林资源变化进行评价，再把这些信息放到互联网上进行共享，并根据现有的森林培育、采伐等数据建立基于知识的立体估测专家系统，同时该系统充分利用空间数据和属性数据，建立虚拟现实的在线立地生产力评价系统，使用户可以通过浏览器，对请求的数据进行网络分析和评价[5]。

总之，由于国外的软件行业占有得天独厚的优势，因此林业信息系统的集成和应用水平比较高。

1.2.2　国内研究概况

我国森林资源经营和管理领域信息技术的应用起步较晚，从新中国成立到 20 世纪 70 年代，各类林业资源调查所采集的数据基本采用人工方法进行处理、分析与管理[6]。从最初的纸质数据管理、文件管理发展到数据库管理、GIS 信息管理以及基于网络的分布式系统管理，我国林业信息化的发展主要分为以下几个阶段。

（1）林业资源数据库阶段：自20世纪60年代开始，采用林业资源数据库对数据进行存储和组织，避免了使用文件方式存储带来的弊端，但该阶段不能对空间信息进行处理和分析，在一定程度上制约了林业资源管理的信息化发展进程。

（2）林业地理信息系统阶段：20世纪80年代，林业部门开始了林业信息系统的研究工作。全国各林业管理部门、生产、教学和科研部门做了大量的工作，进行了林业资源环境信息系统的体系研究和框架设计。这些系统的区域针对性较强，功能较简单，大多是在数据库管理系统的基础上进行简单的统计、分析和导出报表。这些系统大大地简化了传统林业资源环境信息的处理和存储工作，提高了林业信息的利用和分析水平，在生产部门和科研部门取得了良好的应用效果。

由于计算机硬件支持能力的提升，各种软件开发平台从单一逐步走向综合与集成，因此，20世纪80年代后期我国开始研究面向管理的森林资源管理信息系统。1988年，北京林业大学在小陇山林业局实现了我国第一个“森林资源管理信息系统”，1994年，经营型国有林场计算机在管理中应用技术的研究在洪雅县国有林场实施，中国林业科学研究院（以下简称“中国林科院”）唐守正等在广西大青山林业局等地研建了综合的信息系统。在这一时期，还产生了一些面向某类问题的决策支持系统，例如森林资源管理信息系统项目中的投资决策子系统（徐泽鸿，1987），面向森林经营的决策支持系统FMDSS（宋铁英，1990），异龄林择伐决策支持系统（于政中、宋铁英等，1992）等。同时开展了林业计算机成图、地理信息系统的应用研究及计算机辅助设计，林业工作者也开展了自主版权的GIS软件开发，唐守正、陈谋询等研制了用于DOS平台的GIS原型系统，中国林科院唐小明主持开发了基于Windows平台的GIS商品软件ViewGIS，广泛应用于森林资源经营管理的多个方面。

（3）WebGIS阶段：1994年，中国正式进入互联网时代，互联网技术也迅速应用于林业行业。1996年中国林科院最先建立了林业系统的科研网，并覆盖中国林科院所有的分支机构。1998年中国林科院科技信息研究所提供了中国林业科技信息服务网络的文献检索服务及林业文献、情报资料的网络在线检索查询服务。随后几年，林业信息网站迅猛发展，在教育、科研部门建立了北京林业大学网、东北林业大学网、南京林业大学网、林业科学研究网、林业资源管理网、森林消防网、中国荒漠化信息网、中国植保网等信息网络，这些网站不仅提供林业信息资源的发布和查询，同时许多网站开始了林业资源环境信息的共享研究和林业电子商务系统的建设[7]。

随着计算机领域的不断发展，3S技术、多媒体技术、空间数据库和网络数据库等高新技术的不断融合，集成多种高新技术的林业管理信息系统成为林业信息管理技术发展的必然。多种技术相互配套，建立系统集成的林业信息管理和信息服务系统，极大地改善了林业信息系统的整体性能，把林业信息管理和信息服务技术推上一个新的台阶。

1.3 研究问题与难点

1.3.1 现存问题

我国林业信息化体系建设具有一个良好的开端，研究建立了数据资源管理、数据服务管理等相关信息系统，在规范森林资源管理和宏观调控方面起了很大的作用。林业数据管理和服务发布经过多年发展，积累了一定经验，但在数据标准化管理、数据展示和共享服务一体化、多元化应用服务等方面仍存在一定问题，不断改进和提升林业资源综合数据管理和发布服务的信息化水平及能力，仍然是当前林业健康、快速发展的重要保障。

（1）数据资源种类繁多，需要统一标准和管理要求

林业数据资源包括林业基础数据、专题调查数据、规划数据、管理数据以及档案目录资料等各类多源异构的数据资源。传统的林业数据资源管理系统存在数据类型单一、存储较为零散、应用效率偏低等问题，造成数据资源共享使用不方便，容易导致数据资源管理和发布的相关系统重复建设。同时由于数据冗杂不一、统一性差，造成相互调用难度大、数据更新和数据融合困难，大大阻碍了林业数据资源的互通互用。需要通过制定数据统一标准规范，开展数据汇聚治理、统筹入库管理，提供统一共享分发出口，保障数据资源的标准规范，发挥数据资源价值，使数据和业务之间信息快速融合，数据成果快速回流更新迭代。

（2）资源共享局部化，需建立数据综合共享展示平台

现有数据发布展示相关系统，主要管理共享各单位关联业务的相关数据资源，没有形成多源数据的统一共享服务平台。针对同一个业务场景的数据需求，用户只能分别从不同平台上查询申请以获取不同数据资源，容易存在数据版本不统一、数据资源不齐全、数据格式不统一、数据获取烦琐等问题。这就要求统一数据管理与共享服务平台，完成数据的统一管理、统一调度、统一服务，实现多源数据资源的综合展示、查询下载、审批管理，提升数据资源的共享服务水平，保障数据分发安

全，方便用户快速获取所需数据资源。

（3）数据应用分析不够，需进一步释放数据资源价值

现有相关系统往往因存储管理的数据单一，只有简单的统计汇总能力，无法实现林业多源关联数据之间的交叉分析和综合分析能力。当前辅助决策越来越需要从不同数据资源、不同角度、不同维度、不同层次等，进行多源数据融合分析、量化指标计算、专项业务分析等多元化、多场景的分析服务，为决策提供更多的价值信息。进一步提升数据资源价值体现，挖掘数据潜在价值，是当前及未来需要重点研究的问题。数据管理起来只是第一步，共享出去是第二步，如何利用数据创造价值、提升实力、发挥能力，才是关键性的一步。

1.3.2 难点及挑战

针对林业信息化系统建设中存在的问题，利用新型信息化技术，建立林业一体化数据库，研究和实践林业数据管理与发布系统，将基础调查、专项调查、规划管控等林业数据资源以及林业遥感影像产品进行收集归档和信息化管理，并提供多源数据的展示、检索和分析，提升数据资源共享能力。

系统架构技术、存储管理模式、数据服务模式以及用户访问设计等，是制约林业信息化发展的关键所在，要保证和实现系统的先进性，当前需要重点关注的难点与挑战有如下几点。

（1）单体架构难以满足未来系统发展需求

单体架构就是把所有的业务模块编写在一个项目中，最终会打包成一个服务进行部署运行。虽然有部署简单、技术单一、用人成本低等优点，但也存在系统启动慢、系统错误隔离性差、可伸缩性差、问题修复时间长等局限性。随着现在用户业务需求越来越多，系统中涉及的应用服务也越来越多，系统单体架构模式成为制约系统模块扩展、系统快速迭代开发、系统维护方便等的主要原因。

（2）单一存储无法满足海量多源数据存储管理

随着卫星遥感影像、林业矢量数据种类和数据量的增长，以及应用服务的增加，数据库将会成为系统的主要性能瓶颈。传统单一存储管理模式无法满足大数据量遥感影像和多源矢量数据资源的实时接入、高并发访问、安全备份、海量存储等不同场景下的数据存储管理需求。

（3）影像栅格瓦片难以满足海量数据的快速发布

传统卫星影像数据服务发布，基本都是将影像图层先进行栅格瓦片切片，再存

储为栅格格式的地图瓦片，地图访问性能高，用户体验也比较好，但存在切片耗时、瓦片占用空间大的情况，同时局限于预制的波段组合、固定波段色彩配置，无法实现大规模卫星影像的数据更新、波段调整的动态地图展示需求，还由于切片和服务发布周期长，难以满足遥感影像实时发布需求。

（4）矢量栅格瓦片难以满足千万级矢量图斑多样渲染需求

传统矢量数据服务发布，都是通过预处理生成栅格瓦片的方式提供矢量数据服务，生产周期随数据体量的增长以几何倍数增加，存在预处理流程复杂、更新周期长等痛点。且矢量栅格瓦片受限于预制的固定数据表达形式、静态地图内容等，无法实现矢量数据的多种样式配置、样式动态修改等能力，难以满足矢量动态、实时、高效的发布展示需求。

（5）用户高聚集使用难以保障系统高效稳定运行

在系统使用过程中，往往会存在用户高聚集使用的业务场景，同时伴随着系统用户人数的增长，多用户高并发访问会造成服务器压力过大，出现系统运行卡顿、任务紊乱、机器宕机等问题。需构建一个强大的并发访问机制，形成一个高并发的访问框架，保障系统稳定、高效运行。

1.4　研究与实践内容

林业数据资源的管理与服务紧密结合林业业务需求，只有充分理解业务需求内容，才能完成数据资源的科学管理，高效地服务于林业信息化发展与业务应用，充分发挥数据潜力与数据价值。本书紧密围绕林业信息化建设业务需求，结合本阶段数据管理实际需求，重点研究以下几个方面内容。

（1）数据管理应用研究

林业资源数据管理分散，形成多数多源的局面，导致一定程度的信息孤岛、业务之间无法协同等系列问题，成为阻碍林业精细化管理全面落实的关键症结。新时代“数字政府”建设背景下，需要利用大数据存储管理技术、分布式数据存储模式、数据资源建模机制，依托现行国家和行业数据资源整合的标准规范，梳理、整合并管理数据资源，提升数据质量，释放数据价值。将分散存储和管理的多源异构林业数据汇聚整合为集中管理的林业一体化数据库，建立统一的基础信息平台与安全机制，也就是建立起林业数据治理体系。

数据资源管理是落实数据治理体系的重要一环，实现各类林业数据的统一管理，涉及位置、范围、面积等空间信息的统一入库，提供权威共享的数据出入口，做到资产同数同源，能够为业务应用提供统一的数据支撑。研究建设林业数据资源统一管理平台，是转化数据资产、发挥数据价值的重要链路建设，是数字时代信息化发展的必经之路。

（2）数据发布展示实践

针对当前林业各类数据资源的应用需求，数据实体应用是一种方式，数据服务应用是另外一个重要方式。但是，目前林业仍缺乏统一的数据服务发布平台，来有效地发挥数据资源利用价值和服务效率。

栅格数据层面，针对传统影像地图服务发布流程复杂、更新周期长等问题，积极研究镶嵌数据集的栅格动态渲染技术，以解决超大规模影像数据难以实时发布和快速浏览的问题；同时实现“能看能查”的服务新模式，既满足浏览需求，又扩展查询、处理等多层次的服务能力，支撑遥感大数据的实时渲染与交互可视化。

矢量数据层面，通过矢量服务发布配置，实现矢量免切片后的服务发布技术，支持服务带动的数据库直接读取矢量数据，进行动态免切片的矢量服务发布。

数据服务发布技术的革新，是实现数据一体化服务的基础，是构建信息化服务的起点。当前时代背景下，越发依赖数据服务的互联共享。全新数据服务发布技术的研究，是十分必要的。

（3）数据综合展示实践

数据资产是无形的，研究到底无非是一组组二进制数字，如何将无形的数据资产展示出来，确保所有人能够一眼“看得明白”，是需要实现而且必须实现的。利用综合性数据管理展示平台，通过数据服务发布，结合移动端、桌面端、Web 端以及大屏端多形态展示，直观感受数据资产，了解数据信息，掌握数据情况，理解数据价值，是数据管理与应用的迫切需求。

二三维的展示技术，多端多模式的展示形式，动态的服务配置需求以及多样化的数据渲染效果，都能为数据使用者以及管理者建立形象化的数据资产样式，让数据更鲜活、更有形地展现在用户眼前。建设数据综合管理与展示平台，支撑多期多分辨率的遥感影像数据、林业基础数据、专题数据等资源在线展示，实现时间轴历史故事浏览、图层数据对比分析、矢量图斑空间检索、图层空间分析等能力。

1.5 研究方法与技术路线

林业数据管理与发布系统的关键业务过程主要涉及数据入库管理、服务发布展示两大部分内容，其中从数据资源上可以划分为影像数据、矢量数据、媒体数据等几大类。下面分别从不同类型数据、不同业务角度，对系统实现的技术方法和路线进行梳理与设计。

1.5.1 数据成果资源建模和入库管理

1.5.1.1 影像成果数据建模和入库管理

影像成果数据以镶嵌数据集方式进行入库管理，直接可用于影像后续的免切片服务发布（图 1-1）。

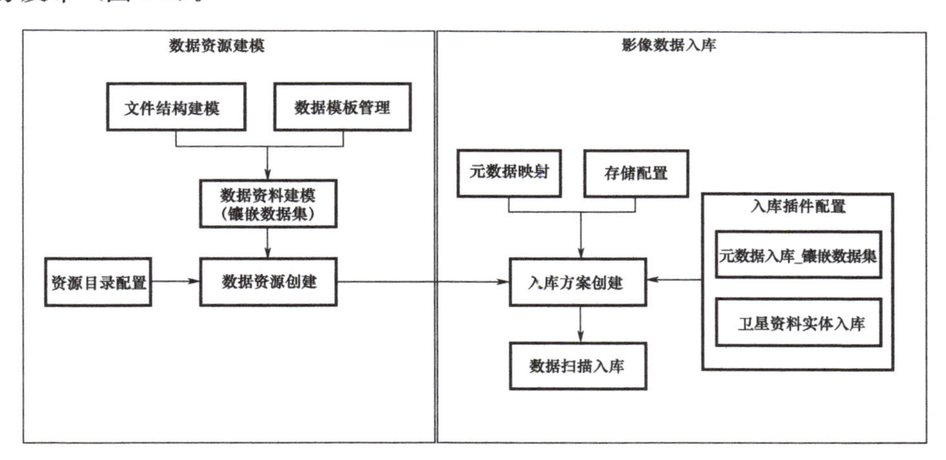

图 1-1　镶嵌数据集影像入库技术路线

（1）数据资源管理

根据影像数据本身的文件组织结构、空间信息、属性信息等进行文件结构建模、数据模板创建；创建镶嵌数据集的数据模型和对应库表。

（2）入库方案管理

通过定制的镶嵌数据集的影像入库插件，实现影像成果数据空间、属性、路径信息记录到镶嵌数据集中。

（3）数据扫描入库

基于入库方案，扫描路径下的影像成果，进行数据信息提取入库；扫描入库方式是不迁移数据实体，只是将数据实体的路径扫描记录到数据库中。

1.5.1.2　矢量数据资源建模和入库管理

林业矢量数据采用通用矢量入库方式进行入库管理，无须手动创建矢量数据模型，系统根据矢量数据的空间信息、属性字段，自动创建矢量数据的空间表（图 1-2）。

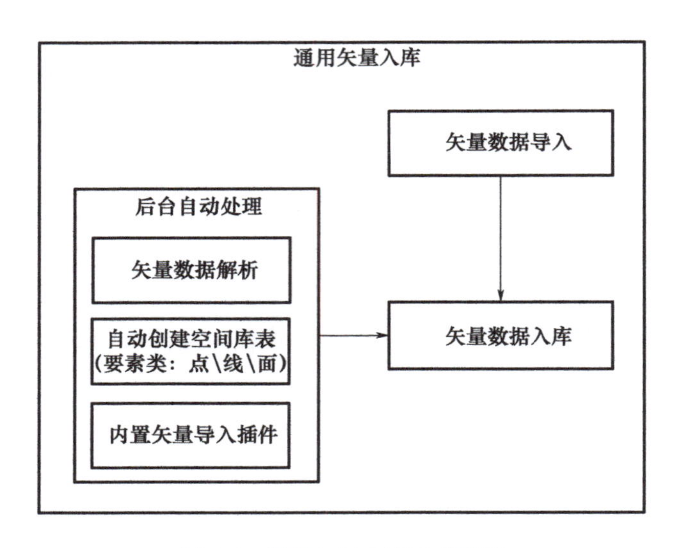

图 1-2　通用矢量入库技术路线

（1）矢量数据导入

导入矢量数据，解析矢量数据的空间、属性字段信息，自动创建与矢量数据相同的要素类库表。

（2）矢量数据入库

基于内置导入插件，将矢量数据的空间和属性信息导入到创建的空间表中。

1.5.2　矢量瓦片服务发布

矢量数据的服务发布采用矢量瓦片技术，实现矢量瓦片的多样式配置、矢量动态渲染等能力。对服务发布过程中重点关注的矢量数据服务发布和服务更新进行技术路线研究。

1.5.2.1　服务发布

矢量瓦片服务发布技术流程包括数据图层注册、矢量瓦片索引构建以及在线服务发布 3 个过程，涉及矢量瓦片服务引擎、切片引擎与渲染引擎研究和研发工作（图 1-3）。

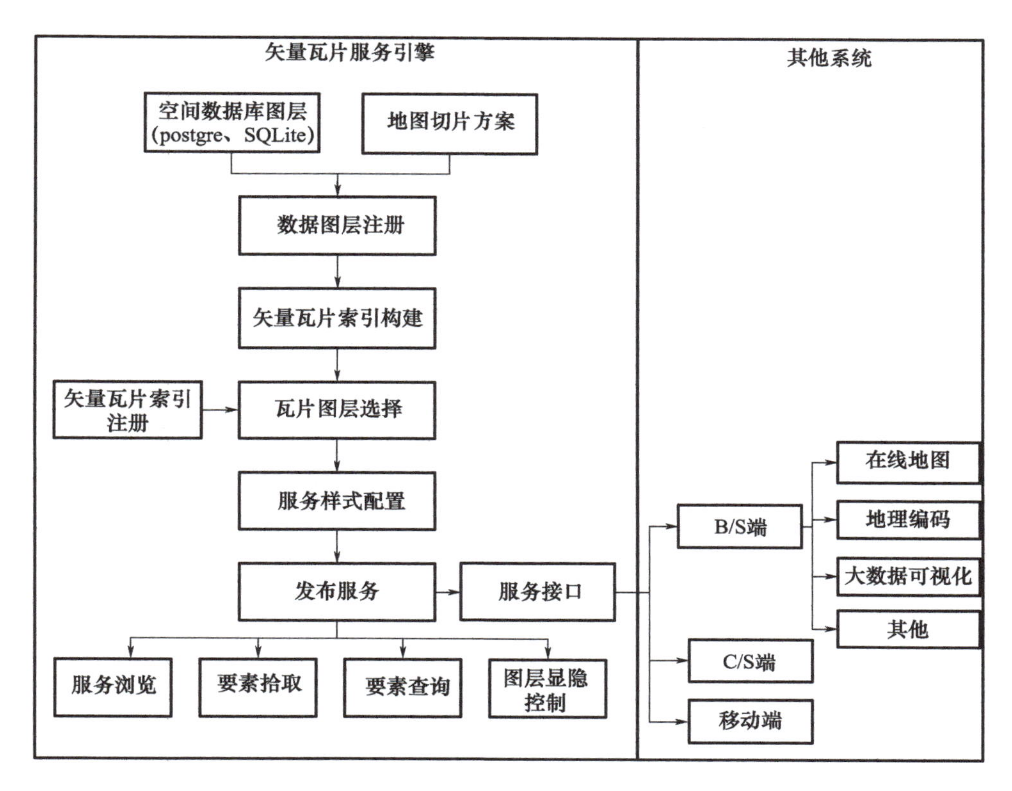

图 1-3　矢量瓦片服务发布技术路线

① 数据图层注册：支持直连空间数据库注册空间图层、注册地图切片方案、注册缓存库矢量瓦片 3 种方式。

② 矢量瓦片索引构建：注册的矢量空间图层通过矢量切片服务引擎提供的在线切片服务构建矢量瓦片索引。

③ 瓦片渲染展示：结合地图服务显示需求，选择瓦片索引组合注册、渲染引擎与 SDK，支撑前端在线创建地图样式以及进行地图渲染。

④ 服务接口：已发布的矢量瓦片服务提供服务浏览、要素拾取、要素查询、图层显隐控制等接口能力，同时提供要素访问、注记访问、样式列表、服务访问等接口供其他 B/S 端、C/S 端、移动端应用系统接入使用。

1.5.2.2　服务更新

已发布的地图服务中的地图要素发生变更时，如要素的增加、删除、修改等，需要对发生更新的数据范围内的地图瓦片进行更新或追加新的瓦片，实现矢量瓦片服务的更新（图 1-4）。

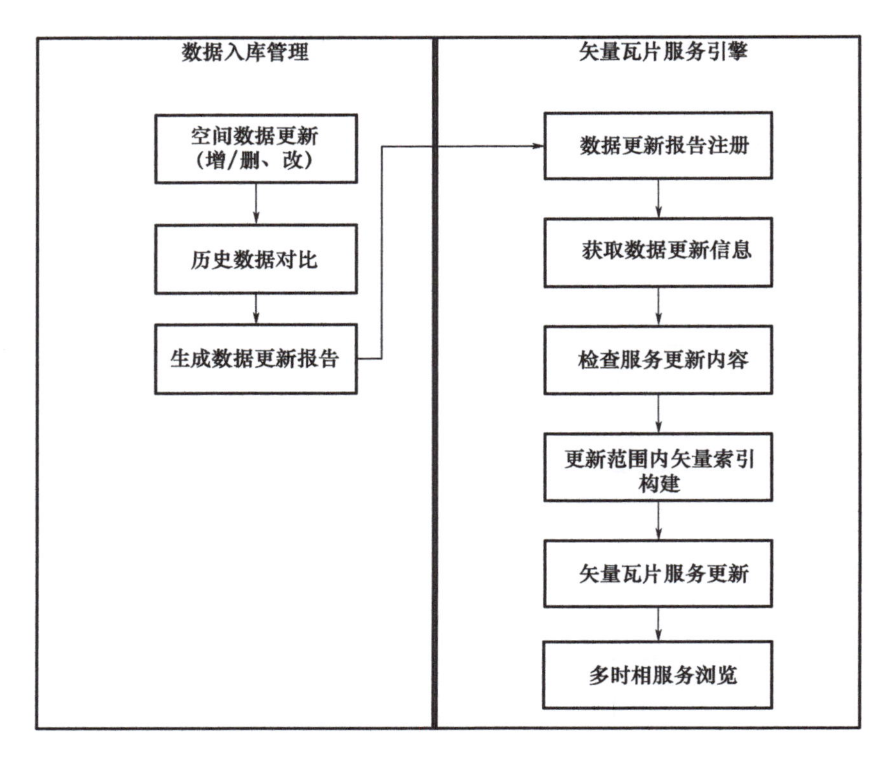

图 1-4　服务更新技术路线

① 库管对入库的空间数据进行多时态管理，入库的空间数据发生更新后，通过和历史数据的对比分析生成数据更新报告，更新报告中记录数据更新范围及更新内容等信息。

② 提取服务更新信息，切片服务引擎根据获取到的更新信息对服务中待更新区域内容进行瓦片索引更新，基于时间序列的矢量瓦片索引管理与存储技术，实现矢量瓦片存储更新和服务更新发布。

1.5.3　影像镶嵌数据集服务发布

影像数据服务主要面向影像成果数据，采用镶嵌数据集服务发布技术，实现影像成果动态渲染和免切片服务展示。对影像成果服务发布过程中重点关注的影像服务发布和服务更新进行技术路线研究。

1.5.3.1　服务发布

镶嵌数据集影像免切片服务发布技术流程包括镶嵌数据集管理、概视图创建、免切片服务发布 3 个过程，涉及镶嵌数据集服务引擎、缓存切片引擎、影像渲染引擎研究和研发工作（图 1-5）。

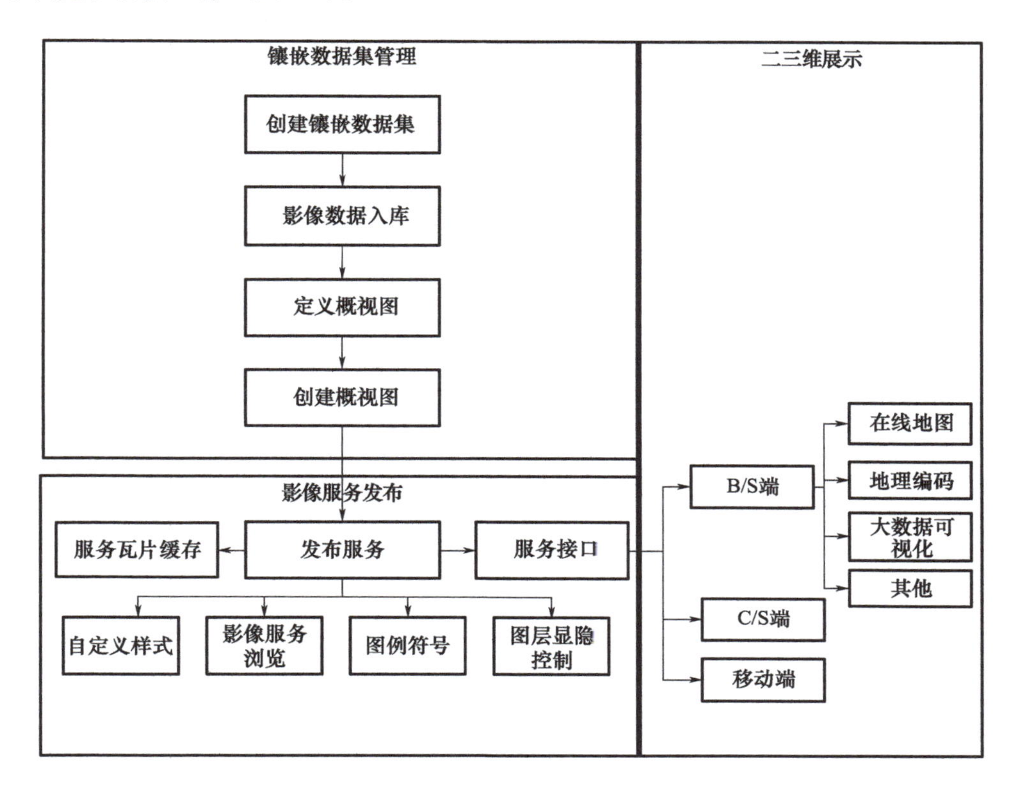

图 1-5　影像镶嵌数据集服务发布技术路线

① 镶嵌数据集管理：创建镶嵌数据集库表，实现影像数据信息入库。

② 概视图创建：定义镶嵌数据集的概视图参数并生成概视图文件。

③ 免切片渲染展示：基于动态切片和影像渲染引擎，支撑前端影像地图渲染。

④ 缓存瓦片切片：通过影像集群切片引擎提供自定义级别区间的批量缓存切片处理。

⑤ 服务接口：已发布的镶嵌数据集服务提供自定义样式请求、影像服务浏览、图例符号请求等接口服务能力，为其他 B/S 端、C/S 端、移动端应用系统接入数据服务接口。

1.5.3.2　服务更新

已发布的镶嵌数据集服务中发生影像新增或影像删除等变更操作，需要对生成的概视图、缓存瓦片、服务空间范围进行更新，实现镶嵌数据集服务的更新（图 1-6）。

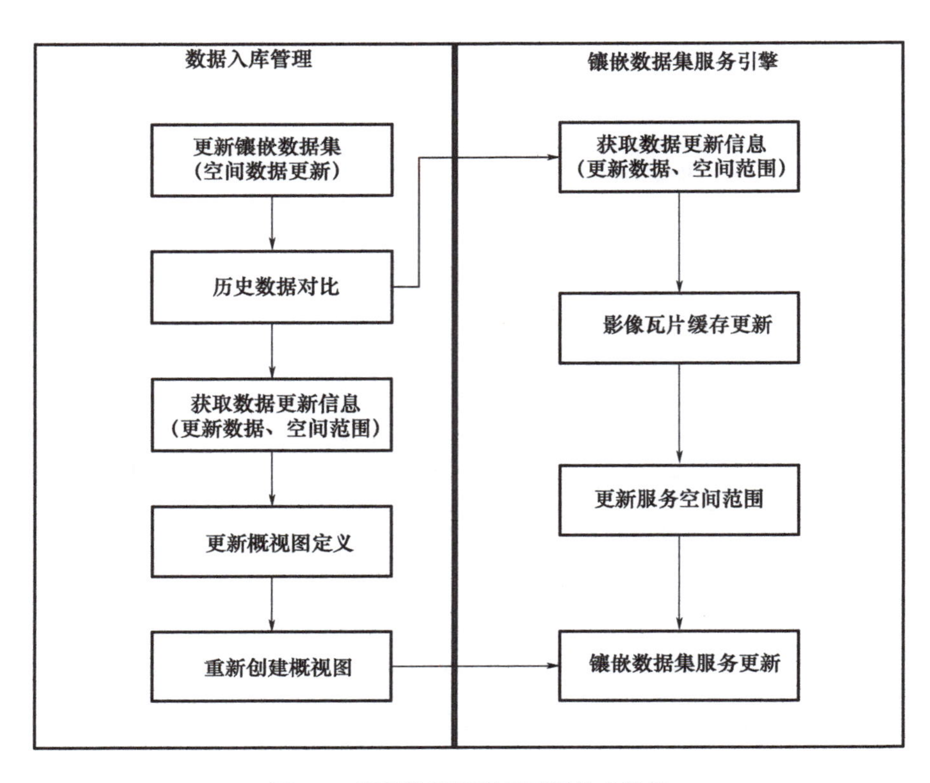

图 1-6　镶嵌数据集服务更新技术路线

① 将新增影像数据导入到已发布的镶嵌数据集中或将已发布的镶嵌数据集删除部分影像；通过与原先镶嵌数据集对比分析，提取数据更新范围和更新内容等信息。

② 获取更新信息，对概视图进行更新，更新概视图的空间范围，重新生成概视图文件。

③ 获取更新信息，对缓存瓦片进行更新，根据更新范围，对该范围的瓦片数据进行更新处理。

④ 获取数据最新空间范围，更新镶嵌数据集服务的空间范围信息，即实现服务更新。

第2章 系统基础信息理论研究

面向林业数据资源管理、数据服务发布、三维展示分析等业务需求，结合系统研究新兴技术理论，本章从桌面端软件开发、WebGIS开发等方面，对系统实践过程中涉及的相关信息技术基础理论进行介绍。系统采用C/S端和B/S端的混合架构模式：C/S端应用系统采用C++语言开发，Qt作为界面框架，实现快捷的数据入库管理；B/S端基于Spring Cloud微服务架构设计思想，前端开发采用Vuejs、ElementUI，服务端应用采用Java语言开发。二三维综合展示采用在线数据地图服务，利用Cesium作为三维地图引擎、Openlayers作为二维地图引擎，实现数据资源的综合管理、服务发布与多态应用。

2.1 桌面软件开发基础理论

2.1.1 C/S端架构

2.1.1.1 C/S端架构的定义

C/S（client/server）端架构全称为客户端/服务器体系架构，其中客户端是用户运行应用程序的PC端或者工作站，客户端要依靠服务器来获取资源[8]。C/S架构是通过查询响应方式来减少网络流量，并允许多用户通过GUI前端更新到共享数据库。在客户端和服务器之间通信一般采用远程调用（RPC）或标准查询语言（SQL）语句。

2.1.1.2 C/S端架构的基本特征

客户端进程包含特定于解决方案的逻辑，并提供用户与应用程序系统之间的接口。服务器进程充当管理共享资源（如数据库、打印机、调制解调器或高性能处理器）的软件引擎。

前端任务和后端任务对计算资源有着根本不同的要求，例如处理器速度、内存、磁盘速度和容量以及输入/输出设备。

客户端和服务器的硬件平台和操作系统通常不相同。客户端和服务器进程通过一组明确定义的标准应用程序接口（API）和RPC进行通信。

C/S端架构的一个重要特征是可扩展性，它们可以水平或垂直扩展。水平扩展意味着添加或删除客户端，其只会对性能产生轻微影响。垂直扩展意味着迁移到更大更快的服务器计算机或多服务器中。

2.1.1.3 C/S端架构的类型

（1）一层架构

在此类型C/S端架构设置的用户界面中，业务逻辑和数据逻辑存在于同一系统，但是由于数据差异导致难以管理。

（2）两层架构

在这种类型中，用户界面存储在客户端机上，数据库存储在服务器上。数据库逻辑和业务逻辑在客户端或服务器上归档，但需要进行维护。如果在客户端收集业务逻辑和数据逻辑，则将其命名为胖客户端瘦服务器体系结构。如果在服务器上处理业务逻辑和数据逻辑，则称为瘦客户端胖服务器体系结构。

在两层体系架构（图2-1）中，客户端和服务器必须直接合并。如果客户端向服务器提供输入，则不应该有任何中间件。这样做是为了快速获得结果并避免不同客户之间的混淆。例如，在线票务预订软件就使用这种双层架构。

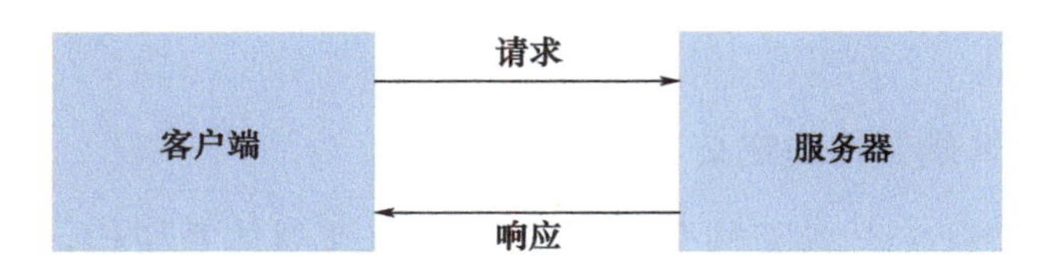

图2-1 C/S端两层架构示意图

（3）三层架构

在三层架构中，需要使用到额外的中间件，这意味着客户端请求需要通过该中间层进入服务器，服务器的响应首先由中间件接收，然后再传输到客户端。中间件存储所有业务逻辑和数据通道逻辑，提高了系统灵活性并提供了最佳性能。

三层架构被分成3个部分，即表示层（客户层）、应用层（业务层）和数据库层

（数据层）。客户端系统管理表示层，应用程序服务器负责应用层，数据库服务器系统负责数据库层（图 2-2）。

图 2-2 C/S 端三层架构示意图

2.1.2 应用程序开发

2.1.2.1 C++语言

（1）C++语言介绍

C++语言是由 Bjarne Stroustrup 于 1979 年在贝尔实验室研制开发的。C++语言进一步扩充和完善了 C 语言，是一种面向对象的程序设计语言。C++语言可运行于多种平台上，如 Windows、MAC 操作系统以及 UNIX 的各种版本[9]。C++语言是 C 语言的继承，它既可以进行 C 语言的过程化程序设计，又可以进行以抽象数据类型为特点的基于对象的程序设计，还可以进行以继承和多态为特点的面向对象的程序设计[10]。

（2）C++语言的特点

① 支持数据封装和数据隐藏

在 C++语言中，类是支持数据封装的工具，对象则是数据封装的实现。C++语言通过建立用户定义类支持数据封装和数据隐藏。在面向对象的程序设计中，将数据和对该数据进行合法操作的函数封装在一起作为一个类的定义。对象被说明为具有一个给定类的变量。每个给定类的对象包含这个类所规定的若干私有成员、公有成员及保护成员。完好定义的类一旦建立，就可看成完全封装的实体，可以作为一个整体单元使用。类的实际内部工作隐藏起来，使用完好定义的类的用户不需要知道类是如何工作的，只要知道如何使用它即可。

② 支持继承和重用

在 C++现有类的基础上可以声明新类型，这就是继承和重用的思想。通过继承和重用可以更有效地组织程序结构，明确类间关系，并且充分利用已有的类来完成更复杂、深入的开发。新定义的类为子类，成为派生类。它可以从父类那里继承所有非私有的属性和方法，作为自己的成员。

③ 支持多态性

采用多态性为每个类指定表现行为。多态性形成由父类和它们的子类组成的一个树型结构。在这个树中的每个子类可以接收一个或多个具有相同名字的消息。当一个消息被这个树中一个类的一个对象接收时，这个对象动态地决定给予子类对象的消息的某种用法。多态性的这一特性允许使用高级抽象。由于继承性，这些对象共享许多相似的特征。由于多态性，一个对象可以有独特的表现方式，而另一个对象有另一种表现方式。

2.1.2.2 Qt（应用程序开发框架）

Qt 是在 1991 年由 Qt Company 开发的一个跨平台C++图形用户界面应用程序开发框架[12]。它提供给应用程序开发者建立图形用户界面应用程序所需的所有功能。它既可用于开发 GUI 程序，也可用于开发非 GUI 程序，比如控制台工具和服务器。Qt 是面向对象的框架，使用特殊的代码生成扩展（称为元对象编译器）以及一些宏，Qt 很容易扩展，并且允许真正的组件编程。

（1）Qt 组成

Qt 提供了一组范围相当广泛的 C++类库，并包含了几种命令行和图形界面的工具，有效地使用这些工具可以加速开发过程。

Qt Designer：Qt 设计器，用来设计可视化地应用程序界面。

Qt Linguist：Qt 语言学家，用来翻译应用程序，以此提供对多种语言的支持。

Qmake：使用此工具可以由简单的、与平台无关的工程文件来生成编译所需的 Makefile。

Qt Assistant：关于 Qt 的帮助文件，类似于 MSDN，可以快速地发现所需帮助。

moc：元对象编辑器。

uic：用户界面编辑器。在程序编译时被自动调用，通过 ui _ *.h 文件生成应用程序界面。

qembed：转换数据，比如将图片转换为 C++代码。

（2）Qt 特性

① 优良的跨平台特性

Qt 支持下列操作系统：Microsoft Windows、Microsoft Windows NT、Linux、Solaris、SunOS、HP-UX、Digital UNIX（OSF/1、Tru64）、Irix、FreeBSD、BSD/OS、SCO、AIX、OS390、QNX 等。

② 面向对象

Qt 的良好封装机制使得 Qt 的模块化程度非常高，可重用性较好，对于用户开发来说是非常方便的。Qt 提供了一种称为 signals/slots 的安全类型来替代 callback，这使得各个元件之间的协同工作变得十分简单。

③ 丰富的 API

Qt 包括 250 个以上的 C++类，还提供基于模板的 collections、serialization、file、I/O device、directory management、date/time 类。甚至还包括正则表达式的处理功能。

④ 支持 2D/3D 图形渲染，支持 OpenGL。

2.2 WebGIS 开发基础理论

2.2.1 B/S 端架构

浏览器/服务器模式，即 B/S 端（browser/server）结构，是 Web 兴起后的一种网络结构模式，Web 浏览器是客户端最主要的应用软件[13]。这种模式统一了客户端，将系统功能实现的核心部分集中到服务端上，简化了系统的开发、维护和使用，将 Web 服务部署在服务器上，通过浏览器访问 Web 应用服务（图 2-3）。

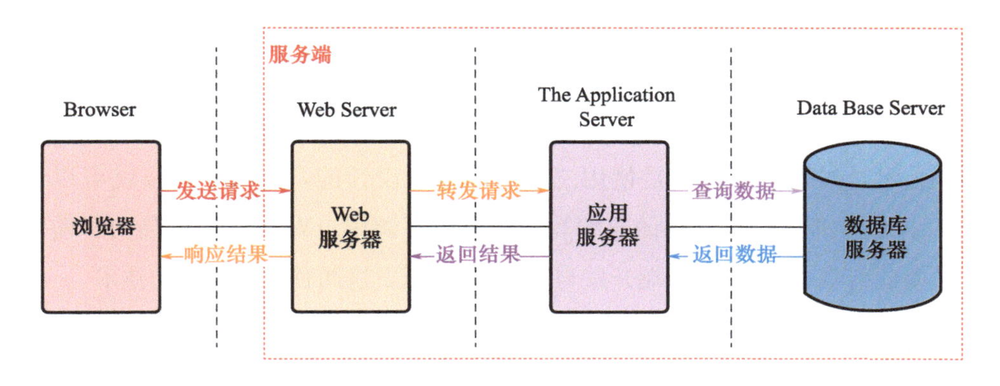

图 2-3 Web 基本结构

Web 应用可划分为表现层、业务逻辑层、数据访问层 3 层结构（图 2-4）。从物理角度可划分为浏览器客户端、Web 服务器、应用服务器、数据库服务器等部分。使用 Web Service（Web 服务）将业务逻辑、数据访问进行封装，部署在 Web 服务器上，数据库部署在数据库服务器，通过浏览器客户端进行 Web 应用访问。

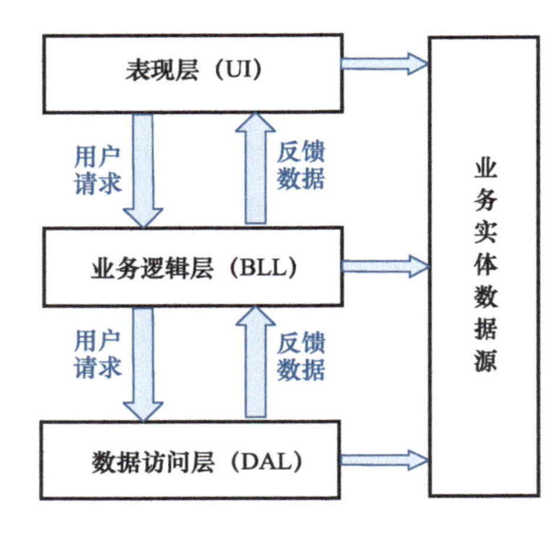

图 2-4　Web 系统逻辑结构

① 表现层（UI）：使用户能够直接访问，用于显示数据和接收用户输入的数据，为用户提供一种交互式操作界面。

② 业务逻辑层（BLL）：对业务逻辑处理的封装，在业务逻辑层中，通常以接口定义方式提供服务。表现层通过调用业务逻辑层的接口实现各种操作。

③ 数据访问层（DAL）：实现对数据的保存、读取和修改等操作，可以访问数据库、文件或 XML 文档等。

分层的 Web 系统架构把不同层的业务职责分离得更加彻底，业务逻辑层不包含表现层代码信息，同样的数据层也不包含逻辑层代码信息，降低了层与层之间的依赖，符合低耦合的思想，在后期维护的时候，极大地降低了维护成本和维护时间。随着 Web 技术的发展，为解决共享难、复用差、跨平台难、业务混乱等系统问题，Web Service 技术应运而生，Web Service 是一种跨编程语言和跨操作系统平台的远程调用技术，如果一个系统是使用三层架构进行设计的，那么逻辑层就可以通过 Web Service 共享给其他不同语言编写的应用程序调用。Web 应用也趋向于前后端分离，由此衍生出了 Web 前端开发与 Web 后台开发这两种不同类别的技术。

2.2.2　前端技术

Web 前端技术是在主要媒介为浏览器的前提下，更好地把信息交互传输给客户以及网络终端的技术。从整体来讲，Web 前端技术主要涉及的模块是 Web 页面、外部的视觉效果，以及前后端口信息的交互等。

（1）Web 前端开发技术

Web 前端开发技术包括 3 个要素：HTML、CSS 和 JavaScript。

① HTML 称为超文本标记语言（hyper text markup language），可以促使整个数据结构显示得更为清晰。应用 HTML 进行文档编写，能够将某种需要表达的信息编织成 HTML 文件，就可以使用浏览器来识别该文件。HTML 拥有通过标签将图片、视频、文字进行解析显示的功能，但需要基于浏览器才能操作，从而在网络界面上形成一个等位的阅读效果，加强对某类信息的精准捕捉。使用 HTML，能够实现在不同文件间的跳转，从而在移动设备终端进行应用，实现文本语言与网络体系的精准对接。

② CSS 就是层叠样式表（cascading style sheets），主要用于实现标记语言分离，从而提升网站的独立性，满足 Web 日益增长的开发需求。随着用户对系统的需求不断变多，导致 HTML 需要满足更为复杂的功能，造成 HTML 越来越臃肿，容易出现界面杂乱的情况。因此，需要借助 CSS 实现对不同像素级别的控制和支持，如对动态类、静态类信息进行格结构化控制，保证页面的可编辑性。

③ JavaScript 是一种脚本语言，具有即时解释的功能，能够同时支持多种运行风格。JavaScript 的解释器是浏览器的重要组成部分，既能支持信息对象，又能完成函数式编程，被广泛应用于客户端相关动态功能的设计开发。需要注意的是，JavaScript 在运行过程中不能对信息代码进行预期解释，并通过该方式来减轻系统的运行压力。将其应用到 Web 前端开发中，主要是为了实现 HTML 网页的动态功能，有效避免页面运行中产生过多的交互行为，确保运行数据的唯一性，从而提高信息的精准度。

（2）UI 框架技术

Ant-Design：阿里巴巴出品，基于 React 的 UI 框架。

ElementUI：iview、ice，饿了么出品，基于 Vue 的 UI 框架。

Bootstrap：Twitter 推出的一个用于前端开发的开源工具包。

AmazeUI：一款 HTML5 跨屏前端框架。

（3）JavaScript 框架技术

基于 JavaScript 开发的框架数不胜数，主要流行的有 Angular、React、Vue、jQuery 等[14]。

① Angular：是最强大、最高效、最开源的 JavaScript 框架之一，该框架是基于 Google 开发的，能够起到改进和维护 JavaScript 的作用。构建 Angular 框架能够拓展传统 HTML 代码，提高页面元素与动态内容的联系，促使两者完成双向绑定。在 Web 前端开发中构建 Angular 框架，能够独立于其他 JavaScript 框架，直接通过

Angular 框架就能完成 Web 相关应用构建，实现端对端的完整对接。其特点是将后台的 MVC 模式搬到了前端并增加了模块化开发的理念，与微软合作，采用 TypeScript 语法开发，对后台程序员友好，对前端程序员不太友好。缺点是版本迭代不合理。

② React：是 Facebook 出品的一款高性能 JavaScript 前端框架，优点是提出了新概念“虚拟 DOM”，减少真实 DOM 操作，在内存中模拟 DOM 操作，有效地提升了前端渲染效率。缺点是使用复杂，需要额外学习一门 JSX 语言。

③ Vue：是一款渐进式 JavaScript 框架，所谓渐进式就是逐步实现新特性的意思，如实现模块化开发、路由、状态管理等新特性。其特点是综合了 Angular（模块化）和 React（虚拟 DOM）的优点。

④ jQuery：是一个快速而简洁的 JavaScript 框架，拥有多种前端开发工具类型，设计者可以结合具体开发需求合理使用 jQuery，从而能够快速构建一个优秀的 JavaScript 框架。使用 jQuery 的过程中，会对 JavaScript 的功能代码产生一定影响，只能完成较为简便的 JavaScript 设计开发模式，提高系统的事件处理效率和动画设计。jQuery 具有高效灵活的 CSS 选择器、独特的链式语法及多功能接口，能够满足对 CSS 选择器的扩展，完成相关插件拓展，提升页面动态效果。它有一个很好的宗旨：写得少，做得多。优点是简化了 DOM 操作，缺点是频繁操作 DOM，影响前端性能，在前端眼里使用它仅仅是为了兼容 IE6、IE7、IE8。

（4）JavaScript 框架设计模式技术

JavaScript 框架设计模式主要包括 MVC、MVP、MVVM 等，这些模式是为了解决开发过程中的实际问题而提出来的，已被广泛使用[15]。

① MVC 模式代表 model-view-controller（模型-视图-控制器）模式。这种模式用于应用程序的分层开发。MVC 是比较直观的架构模式，用户操作→View（负责接收用户的输入操作）→Controller（业务逻辑处理）→Model（数据持久化）→View（将结果反馈给 View）（图 2-5）。

Model：模型代表一个存取数据的对象或 Java Pojo。它也可以带有逻辑，在数据变化时更新控制器。

View：视图代表模型包含的数据可视化。

Controller：控制器作用于模型和视图上。它控制数据流向模型对象，并在数据变化时更新视图。它使视图与模型分离开。

② MVP 模式代表 model-view-presenter（模型-视图-呈现器）模式。MVP 是

把 MVC 中的 Controller 换成了 Presenter，目的就是为了完全切断 View 跟 Model 之间的联系，由 Presenter 充当桥梁，做到 View-Model 之间通信的完全隔离（图 2-5）。

Model：负责业务逻辑和数据处理，包括数据库存储操作、网络数据请求、复杂算法、耗时操作等。

View：对应于 Activity，负责 View 的绘制以及与用户交互。

Presenter：负责完成 View 与 Model 间的交互（Presenter 是双向绑定关系，在设计的时候就要注意接口和抽象的使用，尽可能地降低代码的耦合度）。

③ MVVM（model-view-view-model）是一种软件设计模式，由微软 WPF（用于替代 WinForm，以前用来开发桌面应用程序的技术）和 Silverlight（类似于 Java Applet，简单说就是在浏览器上运行 WPF）的架构师 Ken Cooper 和 Ted Peters 开发，是一种简化用户界面的事件驱动编程方式。

MVVM 源自经典的 MVC（model-view-controller）模式，MVVM 将“数据模型数据双向绑定”思想作为核心，在 View 和 Model 之间没有联系，通过 ViewModel 进行交互，而且 Model 和 ViewModel 之间的交互是双向的，因此视图数据的变化会同时修改数据源，而数据源数据的变化也会立即反映到 View 上（图 2-5）。

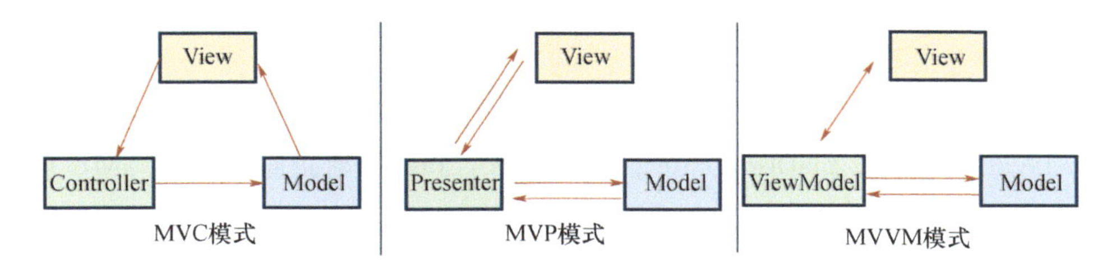

图 2-5　JavaScript 框架设计模式示意图

2.2.3　服务器端技术

Web 服务端开发技术，一直以来主要分为两大不同派系：.Net 与 Java。.Net 为微软提供的框架，可以使用 ASP.Net 进行动态页面开发，后台使用 C# 语言实现；基于 Java 技术进行 Web 应用开发，则主要用 J2EE 平台体系，使用 JSP 进行动态网页开发，后台使用 Java 语言实现。除此之外，还有 CGI、PHP、Python 等技术。

随着 Web Service 的兴起，越来越多的人喜欢用 Web Service 技术，基于面向服务的模式构建 Web 应用，可解决系统集成、异构平台协作、资源共享等问题。Web Service 这项技术只有通过日益广泛的应用才能体现出其价值，比较流行的方法是使用.Net 和 Java 两种技术实现，并且两种实现方法可以互相操作。

2.2.3.1 Java 技术[11]

基于 Java 的 WebGIS 开发，即使用 Java 技术开发 Web 应用程序。Java 是一种可以编写跨平台应用软件的面向对象的程序设计语言。Java 技术具有卓越的通用性、高效性、平台移植性和安全性，广泛应用于个人 PC、数据中心、游戏控制台、超级计算机、移动电话和互联网，同时拥有全球最大的开发者专业社群。在全球云计算和移动互联网的产业环境下，Java 更具备了显著优势和广阔应用前景。

Java 不同于一般的编译执行计算机语言和解释执行计算机语言。它首先将源代码编译成二进制字节码，然后依赖各种不同平台上的虚拟机来解释执行字节码，从而实现了“一次编译、到处执行”的跨平台特性。不过，每次的编译执行需要消耗一定的时间，这同时也在一定程度上降低了 Java 程序的运行效率。但在 J2SE1.4.2 发布后，Java 的执行速度有了大幅提升。

Java 平台由 Java 虚拟机（java virtual machine）和 Java 应用编程接口（application programming interface，简称 API）构成。Java 应用编程接口为 Java 应用提供了一个独立于操作系统的标准接口，在操作系统上安装一个 Java 平台后，就可以运行 Java 程序。

Java 分为 3 个体系 JavaSE（java 2 platform standard edition，Java 平台标准版）、JavaEE（java 2 platform enterprise edition，Java 平台企业版）、JavaME（java 2 platform micro edition，Java 平台微型版）。其中 Java 语言运算符 JavaEE（企业版），可以帮助开发和部署可移植、健壮、可伸缩且安全的服务器端 Java 应用程序，提供 Web 服务、组件模型、管理和通信 API，可以用来实现企业级的面向服务体系结构和 Web2.0 应用程序。

2.2.3.2 Web Service

随着网络技术、网络运行理念的发展，人们提出一种新的利用网络进行应用集成的解决方案——Web Service。Web Service 成为构造分布式、模块化应用程序的最新技术和发展趋势[16]。

Web Service，即 Web 服务，主要是为了使原来各自孤立的站点之间的信息能够相互通信、共享而提出的一种接口。Web 服务所实现的功能，可以是从简单请求到复杂业务过程的任意功能。一旦一个 Web 服务被配置完毕后，其他应用程序能够发现并调用该服务。因此，利用 Web 服务技术，可以很好地实现服务在 Web 层次的互操作，并实现服务的整合。

Web 服务是基于 XML 和 HTTP 的一种服务，其通信协议主要基于 SOAP，服务的描述采用 WSDL，通过 UDDI 来发现和获得服务的元数据[17]。其中，XML 为表示数据的基本格式，Web 服务基于 XML 标准表示结构化数据，并进行数据的传输与交换（图 2-6）。

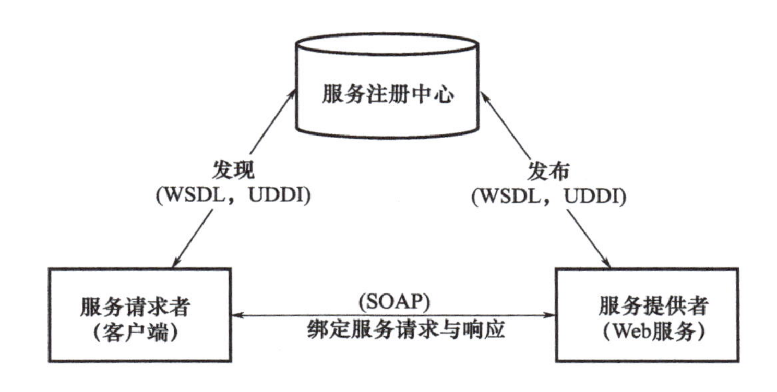

图 2-6 Web Service 体系

Web Service 技术能够很好地克服异构系统之间平台、语言、协议的差异，实现无缝、松耦合的系统集成。其图层的优点表现在异构平台之间的互通、更广泛的软件服务、更强大的通信能力。Web Service 能够实现跨平台的互操作，从表面上看，Web Service 就是一个应用程序，它向外界暴露出一个能够通过 Web 进行调用的 API。其基于 XML（可扩展标记语言）、XSD（XML Schema）等独立于平台、独立于软件供应商的标准，能够实现可互操作的、分布式应用程序平台的创建。通过 Web Service 能够实现跨防火墙、跨平台、基于网络的系统集成。

（1） Web Service 的命名规则

命名格式：http：//服务器地址/提供单位简称/Web Services/功能、模块或子系统简称 . asmx，具体说明如下（表 2-1）：

表 2-1 Web Service 服务地址命名

序号	命名项	规则
1	服务器地址	可以采用域名的形式，例如 Web Service. webxml. com. cn，或者采用主机 IP（或服务器名称）＋端口，例如 localhost：5355
2	提供单位简称	例如××林业局为×× Forestry Bureau
3	功能、模块或子系统简称	一个 Web Service 地址可以包含一个或者多个模型，即一个 Web Service 地址可以对应一个功能点、一个功能模块甚至是一个子系统或系统，因此此处依据 Web Service 对应模型的实际情况进行命名，采用英文简称

（2）服务需提供的方法（表 2-2）

表 2-2　Web Service 方法描述

序号	方法	说明
1	ExcuteModel1 （string xmlcontent）	通过此方法执行模型，传入参数为 XML 文本格式的文件体，此参数中包含要调用的模型的名称、参数等信息，在方法体内部解析这个 XML 文件，然后执行相应的模型； 方法包含一个数值型返回参数，值域为 0 或 1，如果返回 0 则表示模型执行失败，如果返回 1 则表示模型执行成功
2	ExcuteModel2 （byte [] xmlcontent）	功能与上一方法相同，但传入配置文件的方式不同，此处 XML 文件转换为二进制数据作为参数； 方法包含一个数值型返回参数，值域为 0 或 1，如果返回 0 则表示模型执行失败，如果返回 1 则表示模型执行成功

（3）Web Service 实现机制

模型提供方需发布 Web Service 的同时提供服务描述文件（XML 格式），集成系统解析服务描述文件并获取服务提供的模型列表、模型参数等信息。发布的 Web Service 包含“ExcuteModel（）”方法，集成系统调用 Web Service 模型时会执行 Web Service 中的“ExcuteModel（）”方法，并传入 XML 参数文件，参数文件中包含调用模型的名称、输入参数、输出参数和运行参数等信息，其中输入输出参数均为数据存储路径，数据实体全部存储于数据共享区域，数据的调用和结果的输出均通过数据共享区实现（图 2-7）。

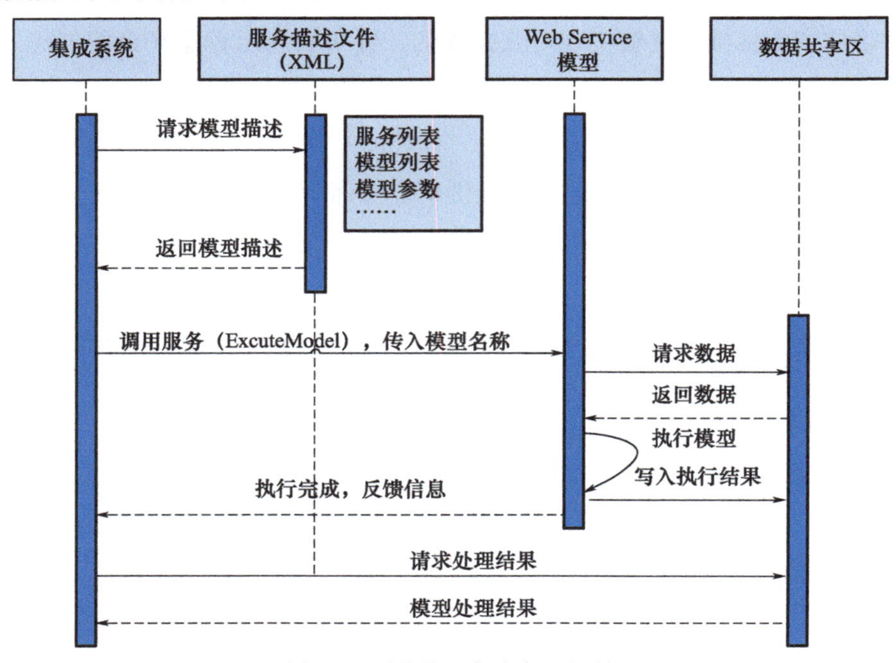

图 2-7　系统接口集成实现机制

采用此方式进行集成时，模型提供单位需按照 Web Service 规范发布相关服务，并提供服务地址、命名空间、调用方法。一个单位可以提供一个或者多个服务，不同的服务对应的地址不同，一个服务中可以包含一个或者多个算法模型。

2.2.3.3 服务架构

随着互联网的发展，网站应用的规模也在不断扩大，进而导致系统架构也在不断地进行变化。从互联网早期到现在，系统架构大体经历了下面几个过程：单体架构、垂直架构、SOA 架构、微服务架构（表 2-3）。

表 2-3 软件架构对比分析表

软件架构	特点	优点	缺点
单体架构	1. 所有的功能集成在一个项目工程中； 2. 所有的功能打一个 war 包部署到服务器； 3. 应用与数据库分开部署； 4. 通过部署应用集群和数据库集群来提高系统的性能	项目架构简单，前期开发成本低、周期短，小型项目的首选之一	1. 全部功能集成在一个工程中，对于大型项目不易开发、扩展及维护； 2. 系统性能扩展只能通过集群结点扩展，成本高、有瓶颈； 3. 技术栈受限
垂直架构	1. 以单体结构规模的项目为单位进行垂直划分项目，即将一个大项目拆分成一个一个单体结构项目； 2. 项目与项目之间存在数据冗余，耦合性较大； 3. 项目之间的接口多为数据同步功能，如：数据库之间的数据，通过网络接口进行同步	1. 项目架构简单，前期开发成本低、周期短，小型项目的首选之一； 2. 通过垂直拆分，原来的单体项目不至于无限扩大； 3. 不同的项目可采用不同的技术	1. 全部功能集成在一个工程中，对于大型项目不易开发、扩展及维护； 2. 系统性能扩展只能通过集群结点扩展，成本高、有瓶颈
SOA 架构[18]	1. 基于 SOA 的架构思想是将重复公用的功能抽取为组件，以服务的方式给各系统提供服务； 2. 各项目（系统）与服务之间采用 webservice. rpc 等方式进行通信； 3. ESB 企业服务总线作为项目与服务之间通信的桥梁	1. 将重复的功能抽取为服务，提高开发效率，提高系统的可重用性、可维护性； 2. 可以针对不同服务的特点制定集群及优化方案； 3. 采用 ESB 减少系统中的接口耦合	1. 系统与服务的界限模糊，不利于开发及维护； 2. 虽然使用了 ESB，但是服务的接口协议不固定，种类繁多，不利于系统维护； 3. 抽取的服务粒度过大，系统与服务之间耦合性高

（续）

软件架构	特点	优点	缺点
微服务架构[19]	1. 将系统服务层完全独立出来，并将服务层抽取为一个一个的微服务； 2. 微服务遵循单一原则； 3. 微服务之间采用 RESTful 等轻量协议传输	1. 服务拆分粒度更细，有利于资源重复利用，提高开发效率； 2. 可以更加精准地制定每个服务的优化方案，提高系统可维护性； 3. 微服务架构采用去中心化思想，服务之间采用 RESTful 等轻量协议通信，相比 ESB 更轻量； 4. 适用于互联网时代，产品迭代周期更短	1. 微服务过多，服务治理成本高，不利于系统维护； 2. 分布式系统开发的技术成本高（容错、分布式事务等），对团队挑战大

2.2.3.4 Spring Cloud 微服务技术[20]

微服务架构的优点表明其可以提高生产力，但是分布式系统本身的技术成本问题给互联网创业型公司带来不少的挑战，阿里巴巴、百度等“巨头”所提供的微服务技术只是解决其中某个问题，而整合封装这些优秀的技术是 Spring 最擅长的领域，Spring Cloud 也正因此而诞生。

（1）微服务的技术栈[21]

① 负载均衡，网关路由：提供高可用、集群部署方式，提供校验、请求转发、服务集成能力。

② 服务治理：提供服务注册、服务发现能力。

③ 容错保护：可以避免服务雪崩。

④ 监控跟踪：监控资源利用、服务响应、容器资源利用情况。

⑤ 消息总线：提供消息队列、异步通信能力。

⑥ 配置管理：提供统一配置管理能力。

（2）Spring Cloud 解决方案

Spring Cloud 为开发人员构建微服务架构提供了完整的解决方案，Spring Cloud 是若干个框架的集合，它包括 spring-cloud-config、spring-cloud-bus 等近 20 个子项目，它提供了服务治理、服务网关、智能路由、负载均衡、断路器、监控跟踪、分布式消息队列、配置管理等领域的解决方案[22]。

微服务的兴起出现了很多优秀的公司和技术，如：

服务治理：Dubbo（阿里巴巴）、Dubbox（当当）、Eureka（Netflix）等。

配置管理：Disconf（百度）、QConf（360）、Diamood（淘宝）等。

服务跟踪：Hydra（京东）、Zipkin（Twitter）、Sleuth（Spring Cloud）等。

Spring Cloud 提供一站式的微服务架构解决方案，如图 2-8 所示。

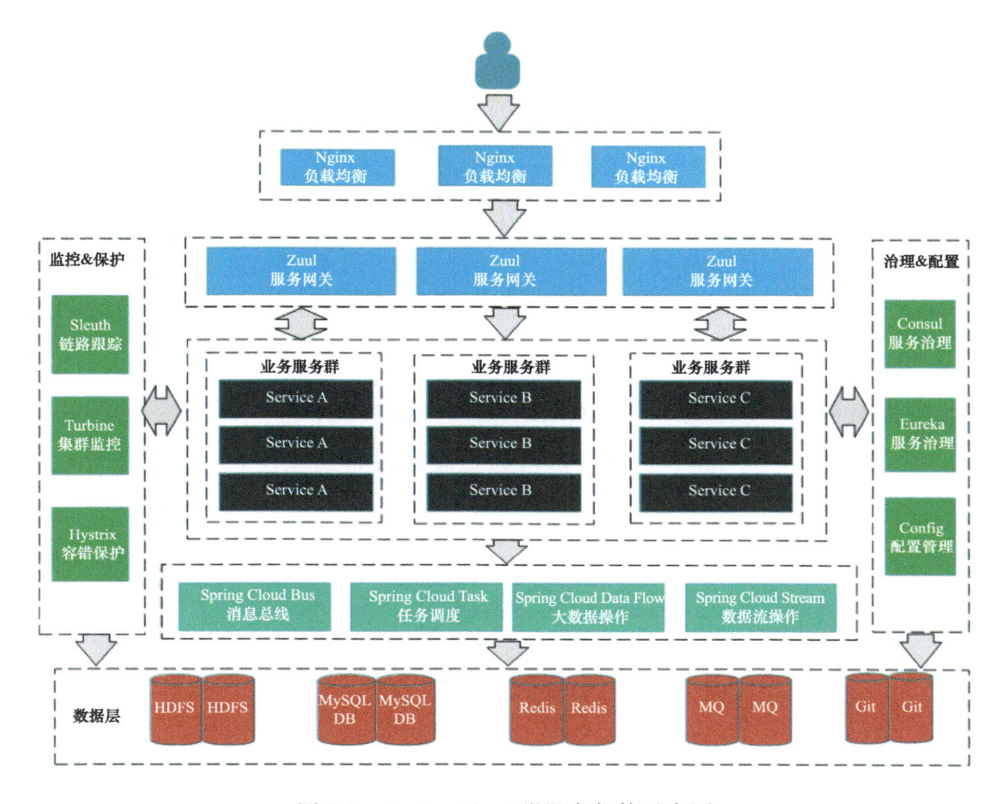

图 2-8　Spring Cloud 微服务架构示意图

（3）使用 Spring Cloud

① 服务治理

微服务架构的缺点中最主要的就是由于微服务数量众多导致维护成本巨大，服务治理就是为解决此问题而产生的。服务治理的作用是让维护人员从人工维护中解放出来，由服务自维护。微服务作为服务提供方主动向服务治理中心注册，服务的消费方通过服务治理中心查询需要的服务并进行调用。

Spring Cloud Eureka 是对 Netflix 公司 Eureka 的二次封装，它实现了服务治理的功能，Spring Cloud Eureka 提供服务端与客户端，服务端即服务注册中心，客户端完成服务的注册与发现。服务端和客户端均采用 Java 语言编写（Eureka 支持多语言）[23]。如图 2-9 显示了 Eureka Server 与 Eureka Client 的关系。

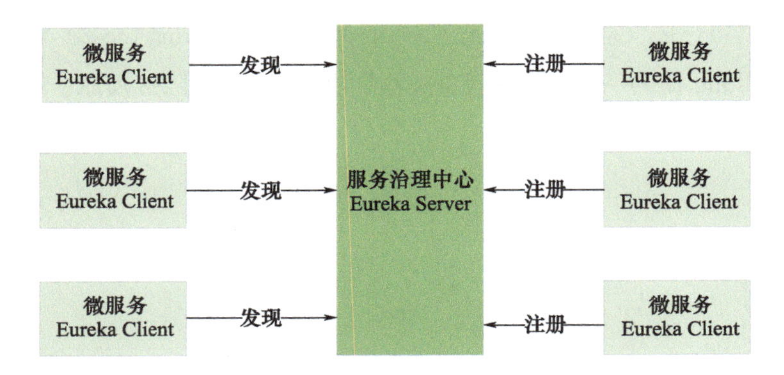

图 2-9　Eureka Server 与 Eureka Client 的关系图

② 负载均衡

负载均衡是微服务架构中必须使用的技术，通过负载均衡来实现系统的高可用、集群扩容等功能（图 2-10）。负载均衡可通过硬件设备及软件来实现。硬件设备比如：F5、Array 等，软件比如：LVS、Nginx 等。

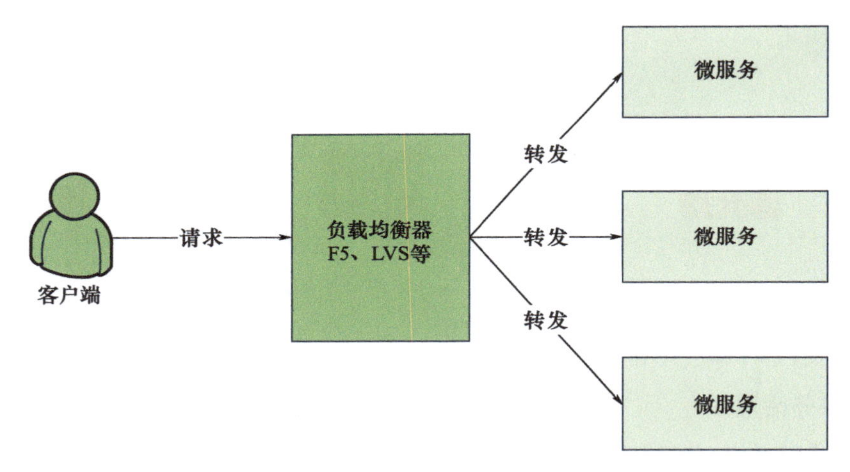

图 2-10　负载均衡架构图

用户请求先到达负载均衡器（也相当于一个服务），负载均衡器根据负载均衡算法将请求转发到微服务。负载均衡算法有：轮训、随机、加权轮训、加权随机、地址哈希等方法。负载均衡器维护一份服务列表，根据负载均衡算法将请求转发到相应的微服务上，所以负载均衡可以为微服务集群分担请求，降低系统的压力。

Spring Cloud Ribbon[24]是基于客户端的负载均衡工具。客户端负载均衡与服务端负载均衡的区别在于客户端要维护一份服务列表，Ribbon 从 Eureka Server 获取服务列表，后根据负载均衡算法直接请求到具体的微服务，中间省去了负载均衡服务（图 2-11）。

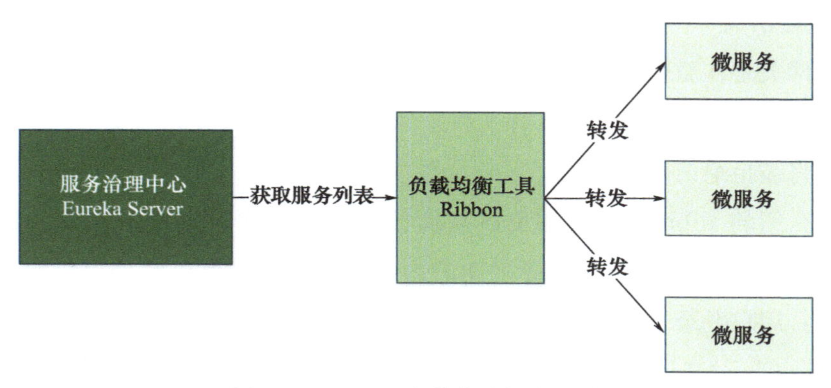

图 2-11 Ribbon 负载均衡的流程图

如在消费服务中使用 Ribbon 实现负载平衡，Ribbon 先从 Eureka Server 中获取服务列表，再根据负载平衡的算法进行负载均衡，将请求转发到其他微服务。

③ 容错保护

容错保护是指微服务在执行过程中出现错误并从错误中恢复的能力。微服务容错性不好很容易导致雪崩效应。

微服务的雪崩效应表现在服务与服务之间的调用，当其中一个服务无法提供服务可能导致其他服务也无法提供服务，比如：单点登录服务调用用户信息服务以查询用户信息，由于用户信息服务无法提供服务导致单点登录服务一直处于等待状态，从而导致用户登录、用户退出功能无法使用，像这样由一个服务所引起的一连串的多个服务无法提供服务即是微服务的雪崩效应。

Spring Cloud Hystrix[25]是基于 Netflix 的开源框架 Hystrix 的整合，它实现了断路器、线程隔离、信号隔离等容错功能（图 2-12）。

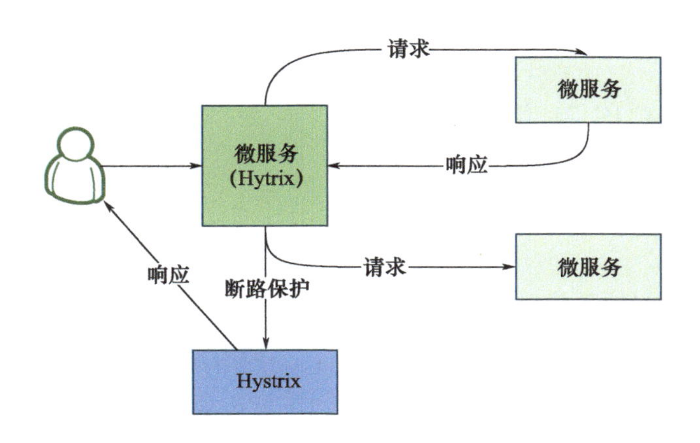

图 2-12 Hystrix 断路器示意图

④ 服务网关

服务网关是在微服务前边设置一道屏障，让请求先到服务网关，网关会对请求进行过滤、校验、路由等处理。有了服务网关可以提高微服务的安全性，校验不通过的请求将被拒绝访问。

前面介绍的 Ribbon 客户端负载均衡技术可以不用经过网关，因为通常使用 Ribbon 完成的是微服务与微服务之间的内部调用，而对那些对外提供服务的微服务，比如：用户登录、提交订单等，则必须经过网关来保证微服务的安全。

Spring Cloud Zuul[26] 是整合 Netflix 公司的 Zuul 开源项目实现的微服务网关，它实现了请求路由、负载均衡、校验过滤等功能（图 2-13）。

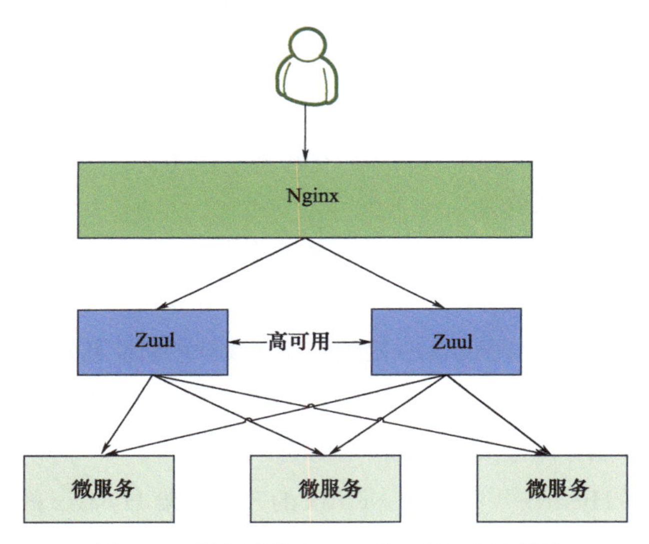

图 2-13　服务网关 Spring Cloud Zuul 示意图

2.3　WebGIS 开发基础理论

2.3.1　WebGIS

WebGIS（网络地理信息系统）指基于 Internet 平台，客户端应用软件采用网络协议，运用在 Internet 上的地理信息系统[27]。一般由多主机、多数据库和多个客户端以分布式连接在 Internet 上而组成，包括以下 4 个部分：WebGIS 浏览器（browser）、WebGIS 服务器、WebGIS 编辑器（editor）、WebGIS 信息代理（information agent）[28]。

2.3.1.1 WebGIS 的基本特征[29]

(1) WebGIS 是一个开放系统

WebGIS 注重数据共享、软件重用、跨平台运行且易于集成，能够共享多种来源、多级尺度、存放在不同地点的地理数据；能够通过对象管理、中间件和插件等技术手段与非 GIS 系统（如 Delphi）集成；并能够通过 Java、CORBA、DCOM 等技术跨平台协作运行，支持用客户端/服务器模式等。开放式系统使 GIS 用户、软件开发者、系统集成者都可得到益处。

(2) WebGIS 适合在万维网环境中运行

将 GIS 软件与 Web 服务器集成，通过普通浏览器，用户可以在任何地方操纵网络 GIS，享用地理空间信息服务，从而将 GIS 扩展成为公众服务系统；同时拓宽地图服务渠道、降低数据分发成本、提高地理数据共享程度。

(3) WebGIS 支持数据分布（data distribution）和计算分布（distributed processing）。

GIS 服务器为局域和远程用户提供 GIS 服务，如地理数据目录服务、地理数据存取服务、地理空间分析服务、地理模型系统服务、地理空间可视化服务等。通过互操作技术，一个 GIS 处理过程可由多个 GIS 服务器协调完成，它们共享分布的数据对象，在多个不同的平台上协同运行，最大限度地利用网络资源。

2.3.1.2 WebGIS 三层架构[30]

WebGIS 在 Web 地图服务基础上扩展 GIS 服务能力，在浏览器网页上进行地图数据的可视化浏览、GIS 处理等操作，实现在线的 GIS 应用和服务（图 2-14）。

① 数据库层：提供空间数据与业务数据等数据支撑。

② 地图服务器中间层：基于 GIS 服务器和业务服务器，提供地图数据服务、GIS 服务和业务应用支撑。

③ 客户端 UI 层：即前端层，通过 WebGIS API，实现与 GIS 服务器或业务服务器交互之间的交互，实现 WebGIS 的应用。

2.3.1.3 WebGIS 的优点

与传统的基于桌面或局域网的 GIS 相比，WebGIS 具有以下优点：

① 更广泛的访问范围：客户可以同时访问多个位于不同地方服务器的最新数据，而 Internet/Intranet 所特有的优势大大方便了 GIS 的数据管理，它使分布式的多数据源的数据管理和合成更易于实现。

② 平台独立性：无论客户端/服务器是何种机器，无论 WebGIS 服务器端使用何种 GIS 软件，由于使用了通用的 Web 浏览器，用户就可以透明地访问 WebGIS 数据，在本机或某个服务器上进行分布式部件的动态组合和空间数据的协同处理与分析，实现远程异构数据的共享。

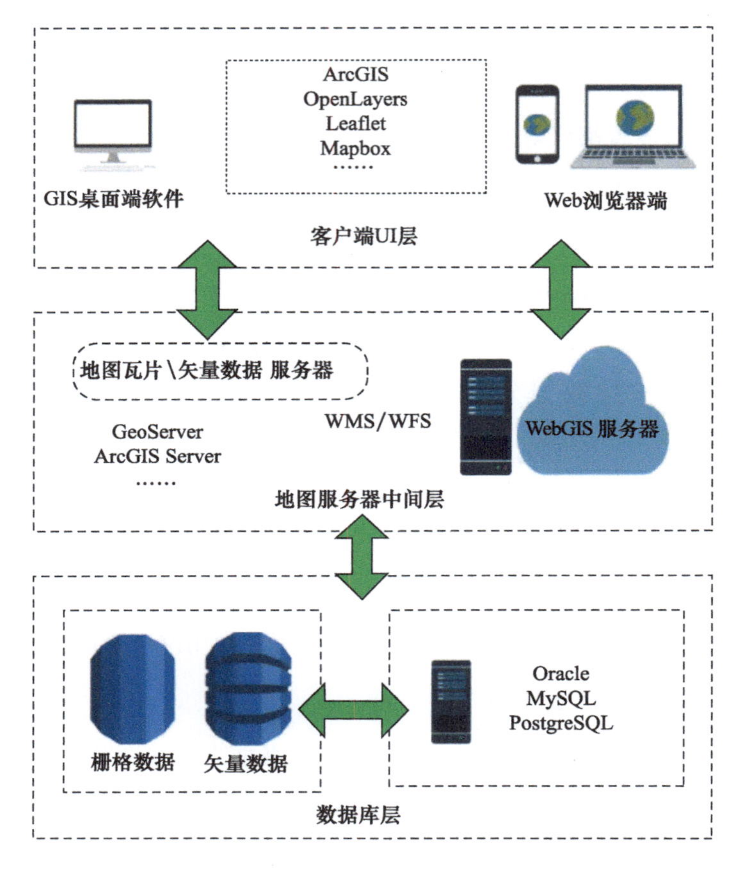

图 2-14 WebGIS 框架结构

③ 大规模降低系统成本：普通 GIS 在每个客户端都要配备昂贵的专业 GIS 软件，而用户使用的经常只是一些最基本的功能，这会造成极大的浪费。WebGIS 在客户端通常只需要使用 Web 浏览器（有时还要加一些插件），其软件成本与全套专业 GIS 相比明显要节省得多。另外，由于客户端的简单性而节省的维护费用不容忽视。

④ 更简单的操作：要广泛推广 GIS，使 GIS 为广大普通用户所接受，而不仅仅局限于少数受过专业培训的用户，这就要降低对系统操作的要求。通用的 Web 浏览器无疑是降低操作复杂度的最好选择。

⑤ 平衡高效的计算负载：传统的 GIS 大都使用文件服务器结构的处理方式，其

处理能力完全依赖于客户端，效率较低。而当今一些高级的 WebGIS 能充分利用网络资源，将基础性、全局性的处理交由服务器执行，而对数据量较小的简单操作则由客户端直接完成。这种计算模式能灵活高效地寻求计算负荷和网络流量负载在服务器端和客户端的合理分配，是一种较理想的优化模式[31]。

2.3.2 地图服务器

GeoServer 是遵循 OpenGIS Web 服务器规范的 J2EE 实现，利用 GeoServer 可以方便地发布地图数据，允许用户对特征数据进行更新、删除、插入操作，通过 GeoServer 可以比较容易地在用户之间迅速共享空间地理信息[32]。GeoServer 是社区开源项目，可以直接通过社区网站进行资料查找（中文社区网站 http：//www. opengeo. cn）。

GeoServer 支持开放地理空间信息联盟（open geospatial consortium，OGC）标准规范的系列服务；支持 PostgreSQL、Shapefile、ArcSDE、Oracle、MySQL；支持上百种投影；能够将网络地图输出为 jpeg、gif、png、SVG、KML 等格式；能够运行在任何基于 J2EE/Servlet 的容器之上；嵌入 MapBuilder 支持 AJAX 的地图客户端 OpenLayers；除此之外还包括许多其他的特性[33]。

2.3.3 数据地图服务

林业资源数据涵盖大量的空间数据，随着矢量空间数据资源的业务分析需求日益强烈，地理信息系统（GIS）的应用日益广泛。同时计算科学的快速发展，为数据空间分析提供了更多先进的算法和能力，加速推进了 GIS 在空间数据分析方面的应用。随着互联网的普及，林业矢量数据在线浏览展示、在线分析应用逐渐成为重要的应用服务方式。将矢量数据发布成在线地图服务方式，在 Web 上接入数据服务，供用户浏览、查询、分析等使用，促进了 Web 地图服务的发展，也为 WebGIS 应用提供了主要数据源。

在空间数据互操作领域，基于公共接口访问模式的互操作方法是一种基本的操作方法。国际标准化组织（ISO/TC211）和相关技术联盟（如 OGC）[34]共同推出了基于 Web 服务（XML）的空间数据互操作实现规范 Web Map Service、Web Feature Service、Web Coverage Service，以及适用于 Internet 环境下空间信息编码、数据传输和存储的地理信息标记语言（geography markup language，GML）。通过制定的数据和服务的一系列标准，GIS 软件商开发遵循这一接口规范的空间数据的读写函数，可以实现异构空间数据库的互操作。

目前常见的地图服务类型见表 2-4。

表 2-4 常见地图服务类型

简称	全称	特点
WMS	网络地图服务（web map service）	利用具有地理空间位置信息的数据制作地图，其中将地图定义为地理数据可视的表现，能够根据用户的请求返回相应的地图（包括 png、gif、jpeg 等栅格形式或者是 SVG 和 WEB CGM 等矢量形式），属于动态地图服务。WMS 支持网络协议 HTTP，所支持的操作是由 URL 定义的[35]
WFS	网络要素服务（web feature service）	支持用户在分布式的环境下通过 HTTP 对地理要素进插入、更新、删除、检索和发现服务。该服务根据 HTTP 客户请求返回要素级的地理标识语言（geography markup language，GML）数据，并提供对要素的增加、修改、删除等事务操作，是对 Web 地图服务的进一步深入。WFS 通过 OGC Filter 构造查询条件，支持基于空间几何关系的查询和基于属性域的查询，当然还包括基于空间关系和属性域的共同查询
WCS	网络覆盖服务（web coverage service）	面向空间影像数据，它将包含地理位置的地理空间数据作为"覆盖（coverage）"在网上相互交换，如卫星影像、数字高程数据等栅格数据
WMTS	切片地图 Web 服务（web map tile service）	WMTS 是 OGC 首个支持 restful 风格的服务标准，它提供了一种采用预定义图块方法发布数字地图服务的标准化解决方案。WMTS 弥补了 WMS 不能提供分块地图的不足，WMS 针对提供可定制地图的服务，是一个动态数据或用户定制地图（需结合 SLD 标准）的理想解决办法。WMTS 牺牲了提供定制地图的灵活性，代之以通过提供静态数据（基础地图）来增强伸缩性，这些静态数据的范围框和比例尺被限定在各个图块内。这些固定的图块集使得对 WMTS 服务的实现可以使用一个仅简单返回已有文件的 Web 服务器即可，同时使得可以利用一些标准的诸如分布式缓存的网络机制实现伸缩性

2.3.4 二维地图引擎

OpenLayers 是一个专为 WebGIS 客户端开发提供的 JavaScript 类库包，是市面上流行的二维地图引擎之一，可实现地图数据的网络访问。OpenLayers 是一个开源的项目，已成为地图渲染的成熟框架，为互联网客户端提供了强大的地图展示功能，并具有灵活的扩展机制[39]。

OpenLayers 采用纯面向对象的 JavaScript 方式开发，同时借用了Prototype框架和 Rico 库的一些组件。而应用于 Web 浏览器中的 DOM（文档对象模型）也由

JavaScript 实现，因此，基于 OpenLayers 开发的 WebGIS 不依赖于 Web 浏览器，具有跨浏览器特性。同时，OpenLayers 实现了类似于 Ajax 的无刷新功能，可以结合很多优秀的 JavaScript 功能插件，带给用户更多丰富的交互体验。

在地图数据以服务方式提供的前提下，OpenLayers 实现访问地理空间数据的方法符合行业标准，支持各种公开的和私有的数据标准和资源。OpenLayers 支持 OGC 制定的 WMS、WFS 等网络服务规范，可以通过远程服务的方式，将以 OGC 服务形式发布的地图数据加载到 OpenLayers 客户端中显示。目前，OpenLayers 所支持的数据格式有 XML、JSON、GML、GeoRSS、KML、WFS、WKT（well-known text）等，在其 Format 命名空间下的各个类里实现了具体读/写这些Format的解析器。因此，基于 OpenLayers 能够利用的地图资源非常丰富，可提供给用户最多的选择，包括公共地图服务（OpenStreet-Map、Google 地图、Bing 地图、Baidu 地图等）、OGC 资源（如 WMS、WMTS、WFS 等）以及其他矢量数据和简单的图片等。

在采用 JavaScript 纯客户端开发的 WebGIS 项目中，可将 OpenLayers 作为功能库引用，在 HTML 文档中调用其提供的类，以及类的属性和方法，从而实现互联网地图发布与功能操作。目前，OpenLayers 官方发布了 OpenLayers3 版本，相对于 OpenLayers2. x 的版本，新版本已经重构并且命名规则也发生了变化。OpenLayers 官方网站（http：//www. openlayers. org/）提供了 OpenLayers3 的系列资源，包括 OpenLayers3 框架与 API 文档等[40]。

OpenLayers 核心类主要包括 Map、Layer、Source、View，用于实现地图加载和相关操作，OpenLayers3 体系框架如图 2-15 所示。

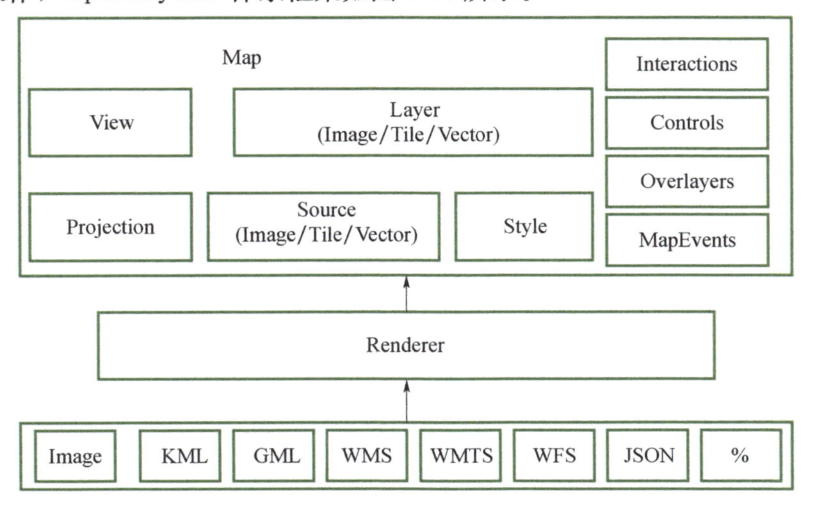

图 2-15　OpenLayers3 体系框架示意图

把整个地图看作一个容器（Map），其核心为地图图层（Layer）、对应图层的数据源（Source）与矢量图层样式（Style）、地图表现相关的地图视图（View），除此之外容器中还有一些特别的层和控件（如地图交互操作控件），以及绑定在 Map 和 Layer 上的一系列待请求的事件。底层是 OpenLayers 的数据源，即 Image、GML、KML、JSON、OGC 服务资源等，均为 source 与 format 命名空间下的子类，这些数据经过 Renderer 渲染，显示在地图容器中的图层 Layer 上。其中，地图容器（Map）与图层（Layer）的渲染，提供了 Canvas、DOM、WebGL 3 种渲染类型，分别由 ol. renderer. Map 与 ol. renderer. Layer 实现。

对比 OpenLayers2. x，从 OpenLayers3 的体系架构中可看出版本 3 重构后与版本 2 的重要区别。从结构上看，主要区别如下：

① OpenLayers3 将地图图层（Layer）与数据源（Source）分离，并将地图视图相关类（如投影、分辨率、中心点设置等）抽离为视图（View），地图数据的加载显示更为灵活。

② OpenLayers3 将地图交互操作相关内容抽离，封装为各类交互操作控件（Interactions），如涉及地图交互的要素选择、绘图，以及图形要素编辑的操作、缩放、拖动、旋转等。

③ OpenLayers3 在地图容器中用叠加层（Overlays）来承载和表现诸如地图标注（Marker、Popup）等 HTML 元素内容。

④ OpenLayers3 优化了空间几何结构类（Geometry），相比之前的版本，其应用更为简便，易用性好。

⑤ 地图渲染机制不同，OpenLayers3 将地图图层数据渲染、矢量要素渲染分离，地图渲染支持 Canvas、DOM、WebGL 渲染方式，矢量要素渲染支持 Canvas、WebGL 渲染方式。另外，OpenLayers3 地图图层数据渲染器（Renderer）将数据请求的相关处理封装在内部。

2.3.5 三维地图引擎

目前，市面上比较流行的三维 WebGIS 类库有 ArcGIS API for Java Script4. x 系列、Cesium 等。ArcGIS API for Java Script4. x 系列由 Esri 公司基于 WebGL 与 HTML5 技术开发，但其调用的三维场景资源数据格式小众，需借助 ArcGISPro 发布，且为付费软件。Cesium 是基于 WebGL 的前端 3D GIS 类库，是一款开源的基于 JavaScript 的 3D 地图可视化框架。CesiumJS 用于创建虚拟场景的 3D 地理信息平台，目标是用于创建基于 Web 的地图动态数据可视化[36]。

2.3.5.1 Cesium 介绍

Cesium 是一个完全开源的基于 WebGL 的 JavaScript 框架，无须安装插件即可创建具有最佳性能、精度、视觉质量和易用性的世界级三维地球影像和地图，并且具有丰富的开源社区内容[37]。Cesium 作为一个较为年轻的三维可视化框架，在数字地球项目的应用上有着巨大的优势，其具有以下 3 点特性。

（1）支持多种视图

能够以 2D、2.5D 和 3D 形式对地图进行展示，并且无须分别编写代码。

（2）支持地理信息数据动态可视化

① 能够使用时间轴动态展示具有时间属性的数据。

② 能够使用符合 OGC 标准的 WMS、WMTS 等多种地图服务，并且可通过流式传输图像和全球地形。

③ 能够通过加载 KML、GeoJSON 等格式的数据绘制矢量图形。

④ 支持加载 3DTiles 和 glTF 格式的三维模型，其中 3DTiles 可以加载点云、倾斜摄影等大规模模型数据。

（3）高性能和高精度的内置方法

① 对 WebGL 进行优化，充分利用硬件加速功能，使用底层渲染方法实现可视化。

② 提供了可以绘制大型折线、多边形、广告牌、标签等的 API。

③ 提供了可以控制摄像头和创造飞行路径等的坐标、向量、矩阵运算方法。

④ 提供了可以控制时间轴等组件的动画控件。

2.3.5.2 Cesium 框架

Cesium 是 AGI 公司于 2011 年开发的一款支持 WebGL 的免费 JavaScript 库函数，它能够在不添加插件的情况下基于多种浏览器进行网页端的可视化展示。

地图能够以二维、三维的形式进行展示，同时支持调用 OGC 指定的空间数据服务规范下的 WMS、WMTS、ArcGIS 等多种地图服务图层。三维球体上能够进行点、线、面、体等实体的创建、glTF/glb 三维模型的加载以及基于时间轴进行动画模拟等的动态效果及其他功能的实现。Cesium 于 2016 年推出了 3D Tiles 格式规范后，三维地球也能够支持对倾斜摄影、点云等大型模型数据的加载。Cesium 按照其功能层级不同，由下到上主要可分为核心层、渲染器层、场景层和动态场景层 4 层（图 2-16）[38]。

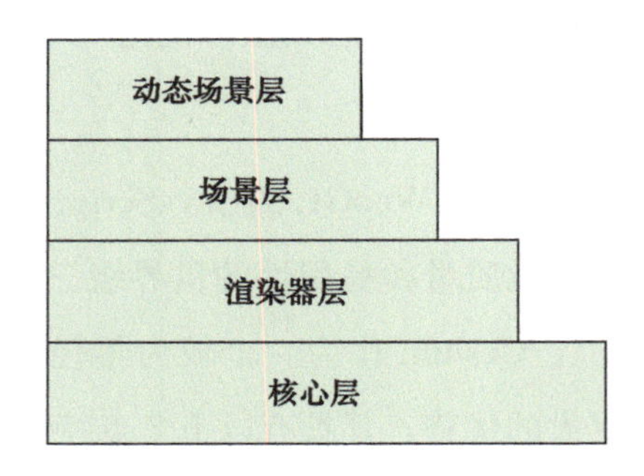

图 2-16 Cesium 功能层级体系

① 核心层：提供基本的数学运算法则，如投影、坐标转换、各种优化算法等。

② 渲染器层：对 WebGL 进行封装，其包括了内置 GLSL 功能、着色器的表示、纹理、渲染状态等。

③ 场景层：主要体现为多种数据源服务图层的加载、实体构建、模型加载及相机视角等一系列场景的构建等。

④ 动态场景层：对 GeoJSON 等矢量数据进行解析构建动态对象，从而实现场景实时、动态渲染效果。

2.3.5.3 Cesium 关键函数类

对 Cesium 的类层次结构中一些关键函数类，对其进行解释说明（表 2-5）。

表 2-5 Cesium 函数功能说明

函数类	功能说明
Viewer	三维地球加载、组件调用
ScreenSpaceEventHandler	鼠标动作定义
createMap	地图加载、基础数据加载
Draw	矢量 entity 实体绘制
BaseLayer	图层可见性、图层定位、透明度等定义
BaseWidget	模块接口定义基类
widget	模块初始化、激活、释放

① Viewer：Cesium 的基础类也是核心类，一方面定义 Viewer 对象在 HTML 创建关联 ID 的 div 元素中创建一个虚拟三维球体，地图添加、模型加载、实体创建及功能的实现都基于此 div；另外的功能则是基于原生 Cesium 的诸如 fullscreenButton、vrButton、infoxBox 等相关组件调用实现。

② ScreenSpaceEventHandler：响应鼠标点击事件，通过对鼠标定义左、右键或

者双击等方式为鼠标动作创建一个监听，通过 pick 屏幕坐标位置获取到添加实体或矢量，实现诸如高亮等功能。

③ createMap（options）：创建地图的静态类，通过 options 的参数传入，从 config. json 中获取到图层数据配置信息，从 HTML 文件中获取到 div 容器，从而实现地球地图数据的加载，并完成 Cesium 一些需求控件的加载。

④ Draw：一个用于绘制实体的类，提供了文字、点、线、面、体以及 glTF/glb 模型等的 entity 对象的绘制，通过 options 参数创建标绘控制器实现 entity 编辑时的一些状态和动作，并对相应实体的类型和风格信息进行自定义设置。

⑤ BaseLayer：是控制处理所有图层的基类，可用于设置图层是否可见、图层定位到指定视角区域及调整透明度等。

⑥ BaseWidget：Widget 模块的基础类，在进行 Widget 模块开发时，需要在继承该类的基础上新建类，用于提供该 Widget 能够被外部调用的接口。

⑦ Widget：静态类，用于统一组织管理 Widget 模块，根据该类提供的方法，可进行模块初始化和对指定 Widget 模块进行激活、释放操作。

2.3.5.4 Cesium 中渲染器结构

Cesium 作为一款虚拟仿真开源库，其堆栈结构按层级划分为三层，包括 Primitives、Scene、Renderer。除了这三层外还有底层核心层，核心层主要包括了与数学原理相关的功能，包括矩阵运算、地理坐标系与笛卡尔坐标系之间的转换、动态投影、曲面细分等算法。Primitives 主要包括 Globe、Model、Primitive、Labels、ViewportQuad。Globe 包括地形引擎，主要包括含有细节层次的地形及影像数据；Model 是满足 glTF 规范的三维模型数据；Primitive 主要是呈现异构的可批处理的几何要素以及纹理；Labels 指标签，顾名思义就是在虚拟地球上添加标识等识别标签；ViewportQuad 主要用于屏幕空间渲染。Cesium 在运行实例时，需要使用着色器管道来生成着色器，以及一个包含 Uniform 单元与函数的 GLSL 库，Renderer 对 WebGL 相关功能进行了封装，这样做的目的是比直接使用 WebGL 更易于使用。Cesium 图形渲染器架构如图 2-18 所示。Scene 提供了高级的虚拟地球地图功能，通过解析相关符合规范的数据，在数据驱动下创建对象并进行动态可视化，对象将在场景中由可视化相关类按照帧数进行实时渲染，从而完成整个仿真环境的动态渲染（图 2-17）。

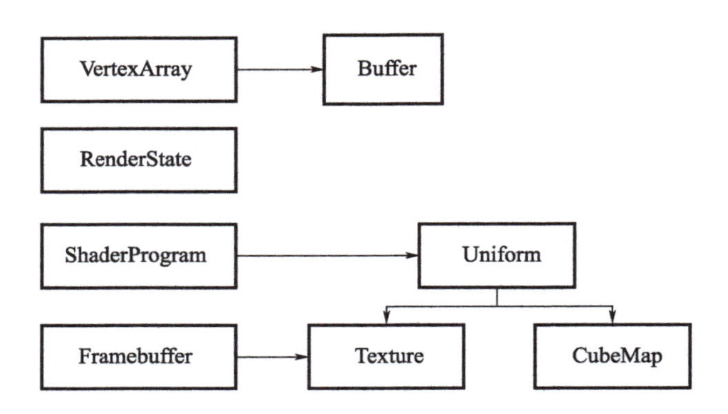

图 2-17　Cesium 图形渲染器架构

第3章

系统关键技术应用

为全面支撑海量林业数据资源信息化管理、数据服务快速渲染展示和系统最优技术框架设计，本章针对多源林业数据资源管理、高分辨率影像成果、大数据量矢量服务发布和高效渲染展示等需求，开展了基于数据类型扩展的数据建模机制、大数据量存储管理、遥感影像的镶嵌数据集服务发布、矢量数据的矢量瓦片服务发布等技术应用研究，通过对系统关键技术的应用研究，形成林业数据管理新思路、新模式、新框架、新方法。

3.1 数据管理技术

3.1.1 混合架构下的遥感大数据存储管理技术

随着数据类型和数据量的增长以及应用服务的增加，传统单一的数据库存储技术将无法满足海量存储、高并发访问等存储管理需求，在性能、存储安全等方面受到局限。当单表数据量过大且频繁读写时，会导致数据入库、查询、浏览、统计效率低下；当元数据文件和快视图文件占据数据库80%的容量时，会导致数据备份恢复困难，在海量数据的容灾机制和故障恢复方面存在很大的问题；同时，数据采用集中式存储，会导致其灵活性、可伸缩性比较差，且难以通过并行提升并发访问效率。

采用混合存储管理架构模式以及分布式数据库，实现结构化数据、半结构化数据、非结构化数据的混合管理，以及数据库的读写分离，可解决未来大数据量的存储管理需求。提出面向综合大数据的混合存储策略，构建弹性可扩展的存储模型，突破多终端高并发环境下服务数据分布式存储、基于 Hadoop 的分布式存储、面向服务的分布式数据动态组织与调度技术，可为林业数据应用业务提供高性能和高可靠性的存储管理环境。

在数据安全备份方面，采用数据原子化操作，减少空间数据库80%以上的数据量，提升数据库备份成功率；基于并行调度技术、矢量瓦片和快视图瓦片技术、栅格统计覆盖技术，提高数据并发入库、访问、浏览与统计的效率。采用对海量综合数据实时接入存储技术及混合架构下大数据存储管理技术，通过面向服务的分布式大规模数据动态组织与调度，满足对影像和矢量数据的分布式存储和并行处理需求。

混合架构大数据存储技术路线如图3-1所示。

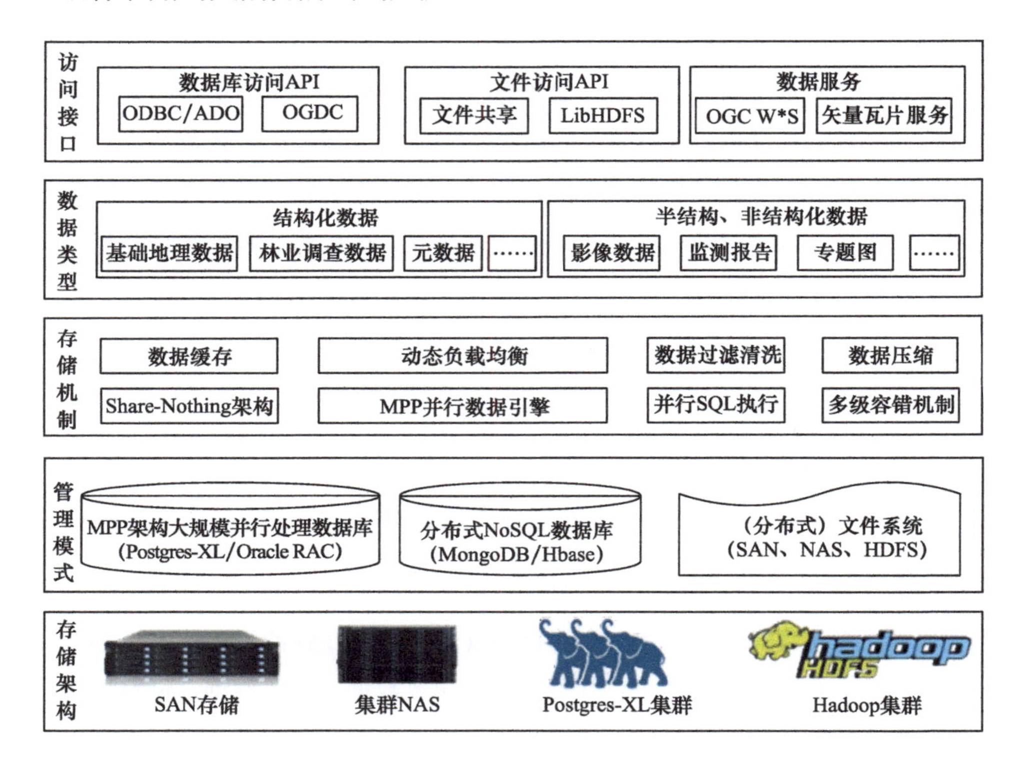

图3-1　混合架构大数据存储构架

在关系数据库基础上，引入分布式NoSQL数据库MongoDB，通过数据库层的分库存储、分区分表、读写分离和MongoDB分布式提高数据库检索速度和并发访问效率；并将占数据库容量80%左右的元数据文件和快视图移入MongoDB数据库中存储，方便关系型数据库的备份，提升空间数据库的检索性能。

数据入口在关系型数据库PostgreSQL，通过存储元数据文件和快视图的关联信息，保证应用时的数据配套。对常用的检索字段建立索引，包括采集时间、数据状态等，同时分区建立时可依据采集时间以保证每次数据检索会到对应分区完成，提高效率。

3.1.2 基于分布式的数据库并行检索技术

为实现高效的数据检索，可应用以下技术手段来进行数据快捷检索，a. 分布式数据库架构，支持并行查询；b. 数据库部署在高性能机器上，数据库设计过程中采用大量优化设计策略；c. 高速的网络环境保证服务器客户端的数据快速传输；d. 系统采用多线程技术，前端线程（界面端）负责实现检索条件输入、数据展现，后台线程负责检索条件 SQL 语句分析、数据的查询读取，保证对海量数据查询的实时展现。详细技术策略如下：

① 多线程并行检索技术：对于林业数据，具备相同特征的数据逻辑上存储在一张元数据表中，数据信息在逻辑展现上是一张表，但实际上使用的是分表存储技术，即存储在若干张表结构相同的表中。然后对于这些表进行查询检索和数据展现操作时，分别用不同的线程，实现后台查询读取数据到内存池，前端实时将内存池中的数据予以展现。

② 分布式数据库：将林业遥感影像卫星数据快视图和元数据存储分离，数据库读写分离，元数据与矢量数据存在关系数据库里面，影像快视图存在非关系数据库（如 MongoDB）里面，并且采用数据库集群，读写分离，查询时支持并行查询，同时在数据入库时，仍能保证高效的查询效率。

③ 业务数据库和空间数据库：系统分为业务数据库和空间数据库，业务数据库和空间数据库有不同的优化策略。业务数据库存储二维关系表，如编目信息、元数据、建模信息、系统管理数据等，空间数据库存储空间数据。

④ 合理的表空间分配：索引和数据的表空间分开存储，数据采用多级表空间。属性索引存放在单独的索引表空间，空间索引存放在单独的空间索引表空间。编目信息、建模信息、系统管理数据等存放在管理表空间，元数据则针对表的分区特性，存储在各自的系统分区表空间，元数据附件表和二进制存储快视图、拇指图等，所占空间较大，散列存储在分区表空间中。

⑤ 采用分区技术：对于百万、千万数量级的表使用分区表技术，能极大提高数据查询效率。分区方式可以按照传感器类型、时间、成像模式等，例如对高分卫星数据主要会根据归档时间进行查询，可以按照季度进行分区，每一季度做一个分区。同时也可以按范围进行分区，范围已超出或即将超出已建分区，可以进行分区表的

扩容，如季度分区从2010年创建到2020年，到了2021年，则可建立新的表空间，或为表添加新分区。

⑥ 完善的索引机制：通过对林业资源数据查询行为的分析，可得出常用的查询属性和空间信息，针对这些属性或空间字段创建适合的索引，并将索引进行管理，使得后续同类型查询分析更为快速。

⑦ 查询分化器技术：基于物理分表存储，后台的查询读取数据可采用查询分化器技术，即一条查询语句同时存在多个线程对多张表进行检索和数据读取。

3.1.3 基于建模机制的数据管理动态扩展技术

考虑到数据资源扩展的需要，采用基于数据建模技术的多源数据管理模式，提供完整的数据建模体系以便用户在未来业务拓展和数据不断积累的过程中，对于新增的数据类型可通过建模技术实现管理能力的快速拓展。

数据建模体系包括文件结构建模、元数据建模、数据存储建模、数据字典等内容，其主体用于定义影像数据的文件组织和构成、元数据内容、空间信息以及数据存储位置，在此基础上形成数据模型，构建数据集，并通过数据资源目录实现物理存储与逻辑展示的挂接。

数据集创建过程即为数据模型实例化过程，此过程是在数据库中构建元数据表、空间范围表，并在物理存储中开辟使用空间。通过数据集的创建即可实现数据管理相关存储的定义，为数据入库做好后台的存储准备（图3-2）。

数据建模机制主要包含以下几方面：

① 在系统设计上，采用基于构件的设计思想，将系统功能划分为相对独立的功能构件，子系统和系统由多个功能构件组成，每一个功能构件都可以实现一个独立的功能，而且每一个功能构件都能够独立于系统和所属的子系统实现功能，每一个功能构件相当于一个“插件”，当系统需要扩充新的功能时只需要添加新的“插件”即可（图3-3）。

② 在数据节点方面，数据资源分类管理有相应的功能可供用户随着归档数据的增加去增加数据节点，系统支持数据目录的增加、修改等操作，可满足数据类型以及数据量的不断增加带来的扩充需求。同时，系统支持元数据的扩展，包括元数据项的增加等。

③ 在服务器节点方面，随着数据增加对数据处理能力要求的提高，系统需支持硬件上的增加，同时需支持对增加的服务器节点的管理。归档任务创建后，通过归

档调度节点的统一调度，实现多个并行归档节点自动抓取待归档数据，进行多机并行归档。

④ 在存储节点的增加方面，支持文件归档至多个文件系统及多个数据库，同时也支持对多个文件系统和数据库的管理。系统支持存储资源的扩展，可动态添加新的存储资源。

采用该技术，可保证系统运行过程中，新加入数据类型的有效管理和文件存储系统的动态扩容，满足未来不断增长的数据管理需求。

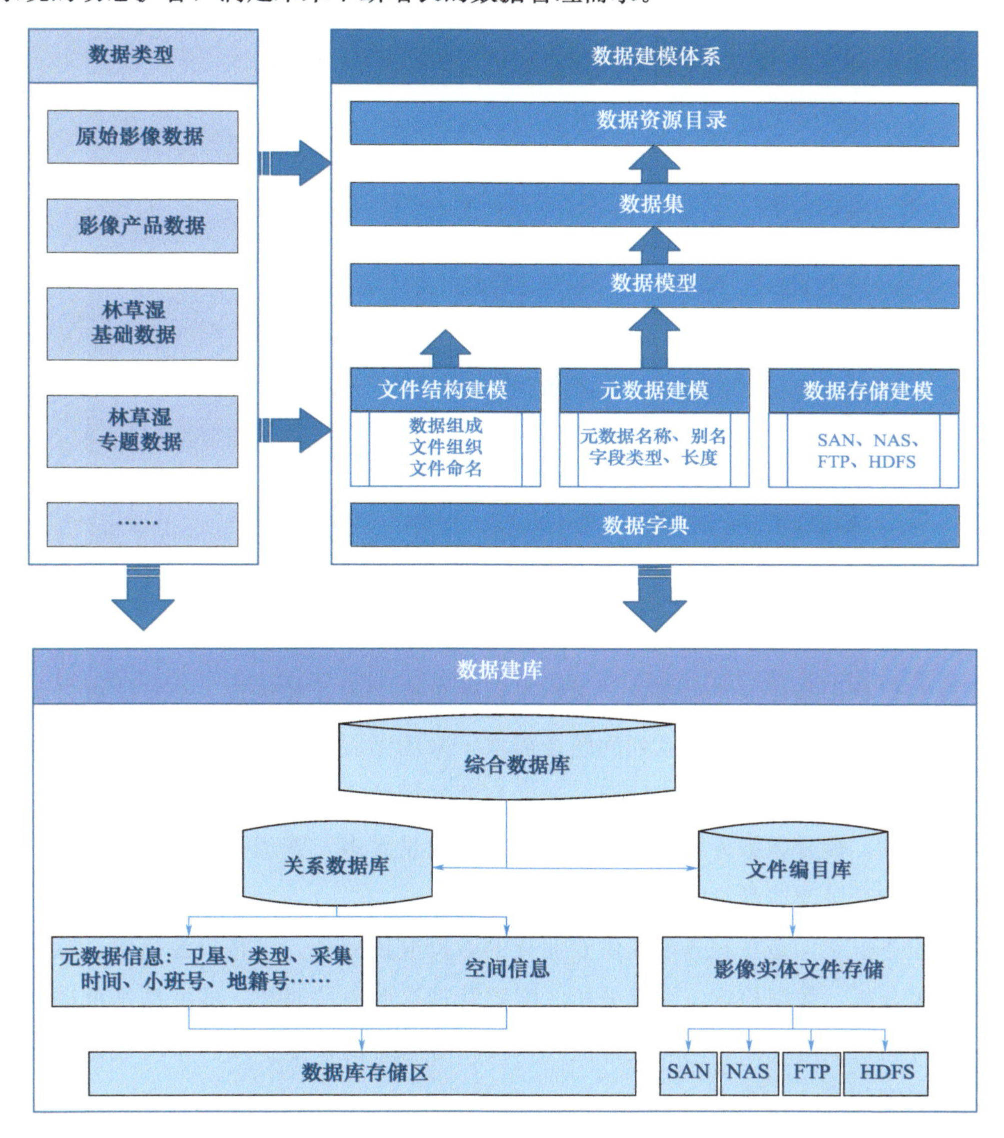

图 3-2　基于数据建模技术的多源影像数据管理技术流程

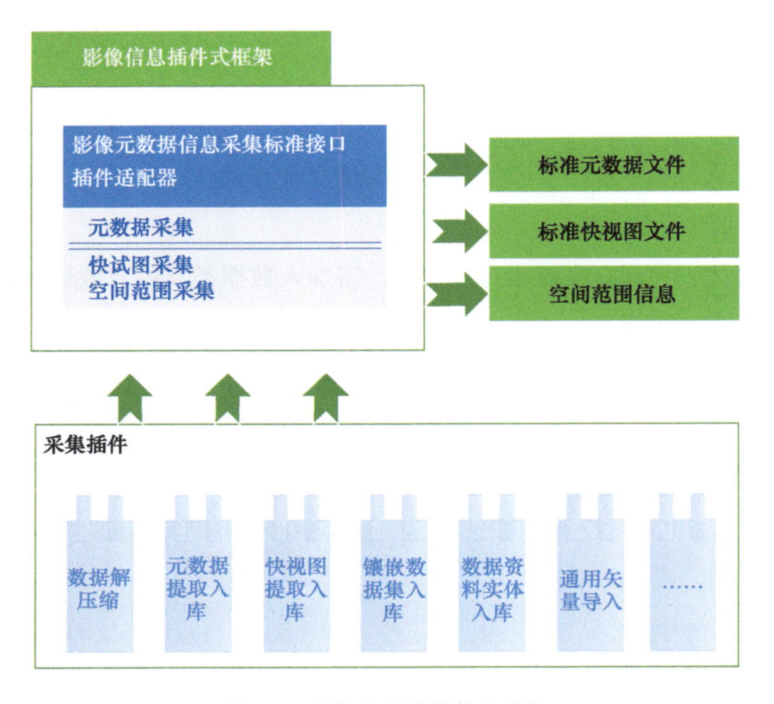

图 3-3　插件式的数据信息采集

3.2　系统框架技术

3.2.1　基于微服务的系统技术框架

面向海量多源数据管理需求、多个子系统集成工作业务场景、分系统以及模块功能之间连接关系复杂等一系列问题及需求，采用微服务架构模式，将系统的模块功能进行微服务化，同时利用微服务弹性资源的供给机制实现微服务快速分配、资源充分调度，提升微服务效率，解决对接接口数量繁多、管理数据类型多样、数据量大、功能升级改造难等问题。

微服务框架，是在服务端提供专业化的数据应用服务，可将资源概览、综合展示、决策分析、数据检索、统计分析、配置管理等服务按照统一的标准规范进行开发，对外提供服务调用，同时支持监控、接口等服务的快速扩展。系统数据应用服务运行视图如图 3-4 所示。

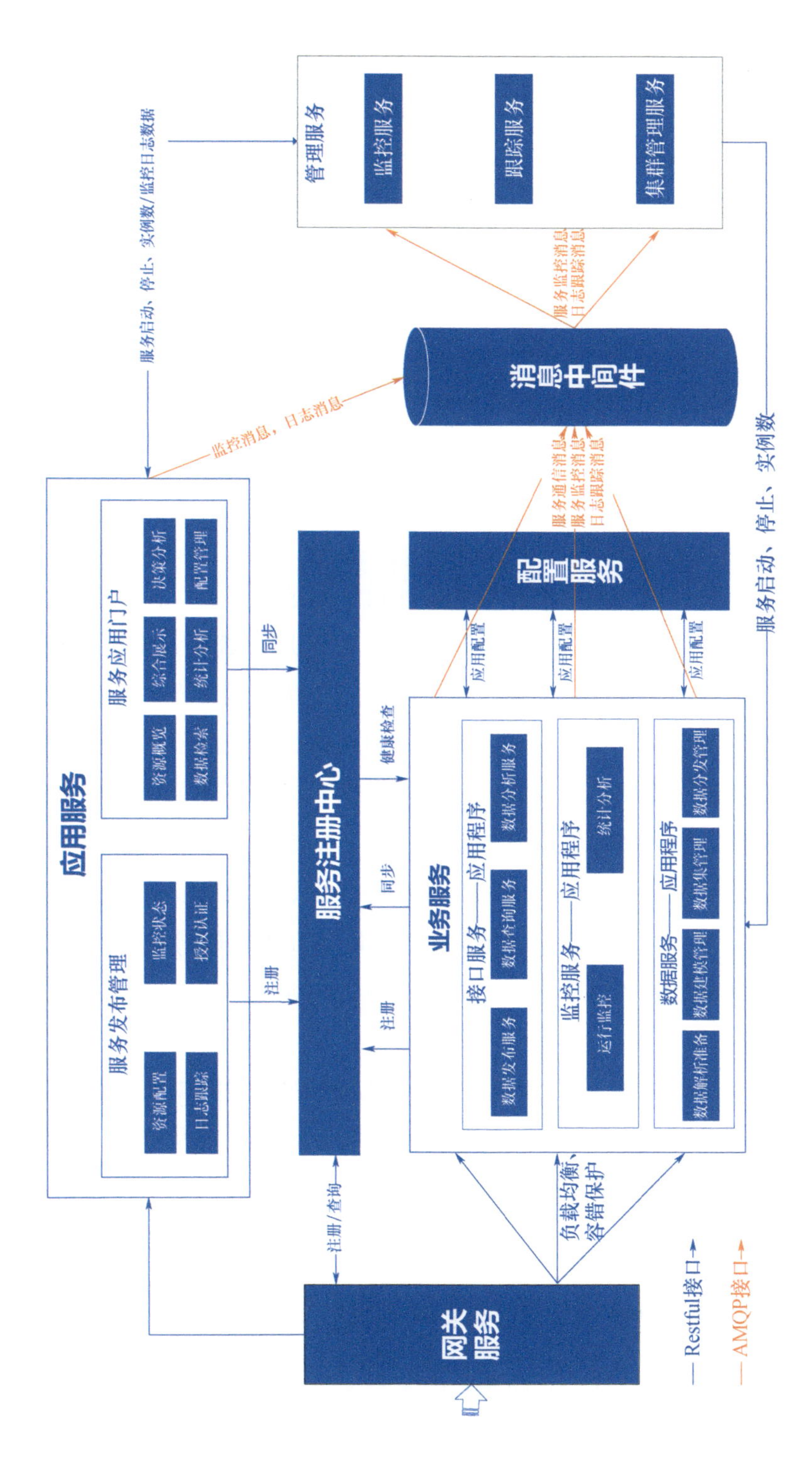

图3-4 系统微服务架构业务应用视图

微服务架构是SOA架构的一种拓展，主要关注的是服务个体的独立性，拆分粒度更小。微服务抛弃了传统SOA笨重的企业服务总线，对外发布强调使用HTTP REST API的接口发布形式，实现了服务治理、服务注册与发现、负载均衡、数据监控、REST API发布等能力，主要具有以下特性：

① 服务动态绑定；

② 服务是自包含和可模块化的；

③ 服务的互操作性；

④ 服务松散耦合；

⑤ 服务具有可寻址接口；

⑥ 服务可重组；

⑦ 服务有粗粒度的接口；

⑧ 服务的位置是透明的。

微服务架构，对每一个数据库建立标准接口，对数据接口二次封装，再进行规范化、标准化、统一化的发布、访问管理，以及推送用户数据、消息队列等服务，通过服务提供者、服务请求者和服务注册中心这三个角色的发布、查找、绑定等操作进行交互，完成整个服务发布、服务查找、调用执行功能流程。角色之间的交互通过一种广泛接受的标准协议完成，其中服务提供者提供具有某种功能服务，它是可寻址的网络实体，实现特定的服务功能并将自己所提供的服务进行描述，之后通过发布操作将自己提供的服务流转到注册中心进行注册；服务注册中心存储了各种各样的服务；服务请求者进行查找操作，通过注册中心找到并调用自己需要的服务，在注册中心寻找到自己需要的服务后，通过传输机制绑定该服务，最后根据接口契约执行服务功能来解决问题。

同时，建立微服务总线接管标准接口，按接口细粒度对数据资源进行管理，形成服务目录、数据目录和安全目录。通过服务目录、数据目录及安全目录的协同使用，有效避免了服务交换过程中不可监督、不可追溯、不可视、不可控导致的数据滥用、冒用和复用。

3.2.2 基于Nginx和Redis的高并发框架设计

在系统使用过程中，往往会存在用户高聚集使用的业务场景，同时伴随着系统用户人群增长、服务器压力过大等问题。为解决多用户高并发访问出现的系统卡顿、任务紊乱、机器宕机等问题，采用基于Nginx服务器和Redis内存型数据库的高并发框架，构建一个强大的并发访问机制，该机制应用在服务群环境下，可以有效均衡服务器负载，提高 Web 应用服务的站点共享能力。

Nginx 服务器作前端服务器，首先受理客户端链接请求，响应和返回用户端所有静态资源请求，针对动态资源请求报文，Nginx 服务器以 iphash 或 url _ hash 等负载均衡策略，将客户端请求发送到后端服务器集群[41]，后端服务器根据其请求内容进行处理计算操作，将处理结果写入 Redis 数据库，并将生成的 Web 页面内容通过前端代理服务器返回给客户端，完成用户完整请求后，各端服务器共享 Redis 数据库[42]。为了减少系统网站的负载压力，将其部署在多个服务器上，每个服务器都能向客户提供相同的服务，这样，根据 Nginx 的反向代理就可以将用户的请求分流到这些服务器上，达到负载均衡的效果（图 3-5）。

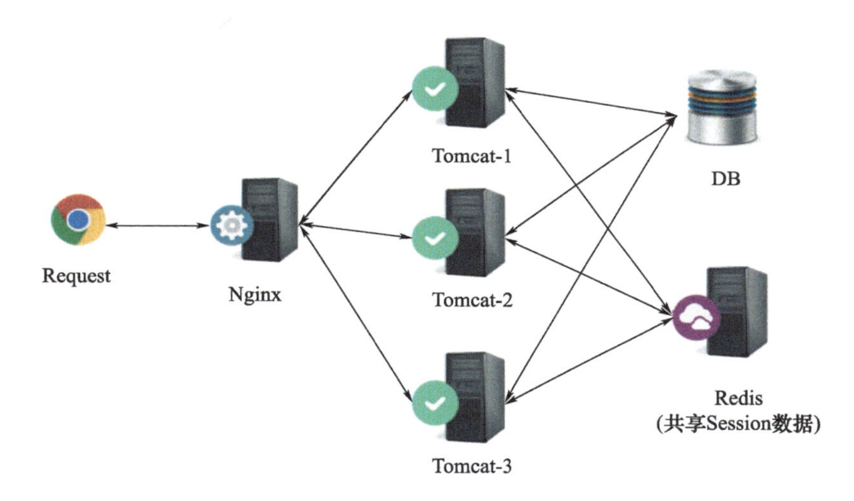

图 3-5　Nginx+Tomcat 高性能负载均衡集群搭建

基于 Nginx 和 Redis 的高并发框架设计过程中，为了能够达到多服务器负载均衡，需要精准地设置用户 Session 和 Redis 数据库，同时也需要优化高并发服务框架内容，在开发集群服务器时，对 Web 处理的 Session 设置一个保存内容的全局变量，并且将其保存在内存型数据库 Redis 中。Redis 是一种高性能的 Key-value 内存性的数据库，支持 List、String、Hashset 和 Set 等数据结构，并能将数据保存到数据库中，同时拥有一个持久的操作管理机制，且可以定期将内存中的数据持久性地保存到相关硬盘中。

3.3 数据展示技术

3.3.1 基于镶嵌数据集的影像免切片服务发布技术

传统影像地图服务发布存在预处理流程复杂、更新周期长等痛点，采用镶嵌数据集的栅格动态渲染技术，可以不切片就快速发布影像地图服务，解决了超大规模影像数据难以实时发布和快速浏览的问题。同时，该技术突破了传统影像电子地图“只能看不能查”的服务瓶颈，可以在满足影像浏览需求的基础上，扩展查询、处理等多层次的服务能力，以支撑遥感大数据的实时渲染与交互可视化。

镶嵌数据集是地理数据库中的数据模型，用于管理一组以目录形式存储并以镶嵌影像方式查看的栅格数据集（影像）[43]。镶嵌数据集中的栅格数据不必相邻或叠置，也可以以未连接的不连续数据集形式存在。影像免切片服务依赖多级缓存的影像数据，在影像服务发布前，对影像数据进行建库，采用镶嵌数据集进行影像管理。入库完成后，进行镶嵌数据集概视图的构建，形成“影像数据实体文件一金字塔一概视图”的多级缓存。基于影像金字塔，将减少镶嵌数据集所需概视图的数量。通常，与显示镶嵌数据集中的每个影像金字塔相比，执行概视图的速度会更快（图 3-6）。

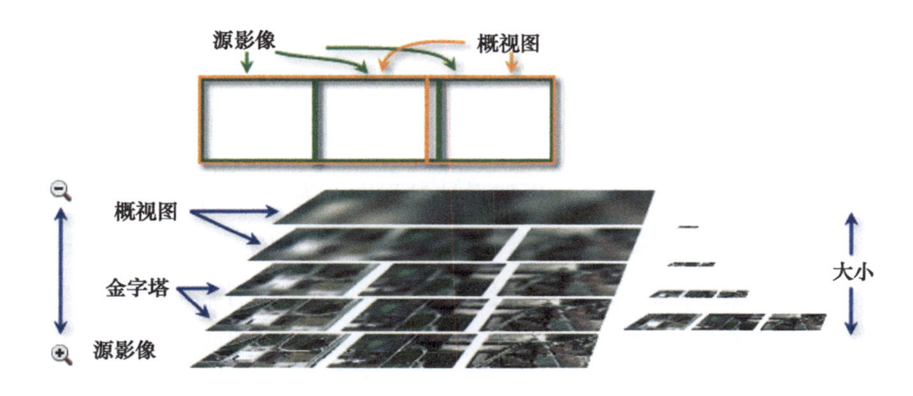

图 3-6　基于金字塔的概视图创建示意图

影像数据入库和创建概视图完毕后，选择镶嵌数据集即可完成影像的动态服务发布，镶嵌数据集为服务提供了完备的内容支撑。服务发布后，依据客户端视域范围与显示比例尺，服务器端从多级缓存影像数据中动态获取目标区域影像，实时镶嵌与渲染。为了提升处理效率，可应用 OpenGL 进行 GPU 加速，在内存中将渲染结果进一步实时处理为栅格瓦片，并将瓦片推送至客户端，客户端浏览栅格瓦片形式的影像数据。影像动态服务提供栅格瓦片缓存机制，避免同一区域多次访问引起的影像重复渲染与处理，进一步提高影像地图服务的浏览效率。实时生成的栅格瓦片数据兼容 OGC 标准的 WMTS 服务接口，可实现应用系统服务升级的平滑过渡（图 3-7）。

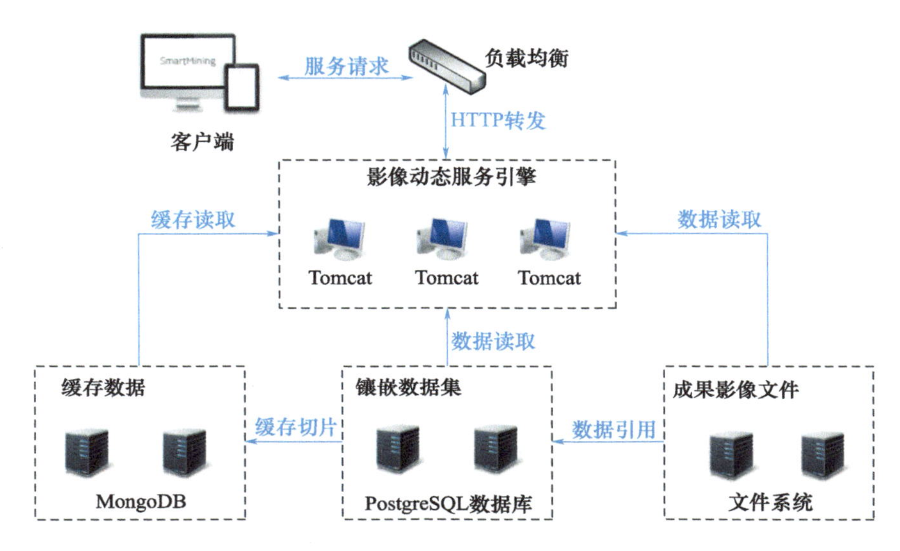

图 3-7　镶嵌数据集服务发布技术路线

从海量影像中加载数据至内存时，实行多任务调度机制，使用专门的任务管理器对 I/O 传输任务进行精细调度，充分利用系统 I/O 性能，使磁盘效率最优化。影像数据一般采用分块形式进行物理存储，比如按照 64×64、256×256 进行分块。数据加载时，采用影像分块的大小读取数据是效率最高的方式，因此，适应影像的存储结构，采用影像的分块方式读取数据，智能缓存周边数据，可最大化平衡总体获取数据和单次获取数据的效率。基于免切片服务发布技术，能减少数据预处理工作量，节约时间成本和空间成本；同时采用金字塔、概视图、瓦片等多级缓存机制，可实现影像数据服务秒级浏览。

3.3.2　基于矢量瓦片技术的矢量服务发布技术

矢量瓦片技术是针对海量矢量空间数据动态渲染与服务发布需求，通过矢量服务发布配置，支持预处理的矢量免切片后的服务发布，也支持直接从数据库读取配置信息和矢量数据，进行动态免切片的矢量服务发布[44]。

在接近其数据原始精度的比例尺下，直接采用原始数据进行渲染，无须做切片索引；在中等比例尺下，将数据预处理为本级无损矢量瓦片并进行存储，前端依据显示比例尺实现对应层级的调用和渲染；而在小比例尺下，将数据预处理为有损矢量瓦片并进行存储，前端依据显示比例尺实现对应层级的调用和渲染。

（1）多比例尺矢量瓦片索引

结合矢量要素按级别采用指定算法进行要素的化简，将化简后的图形和原要素的属性信息同时按级别存储至索引中（图 3-8）。

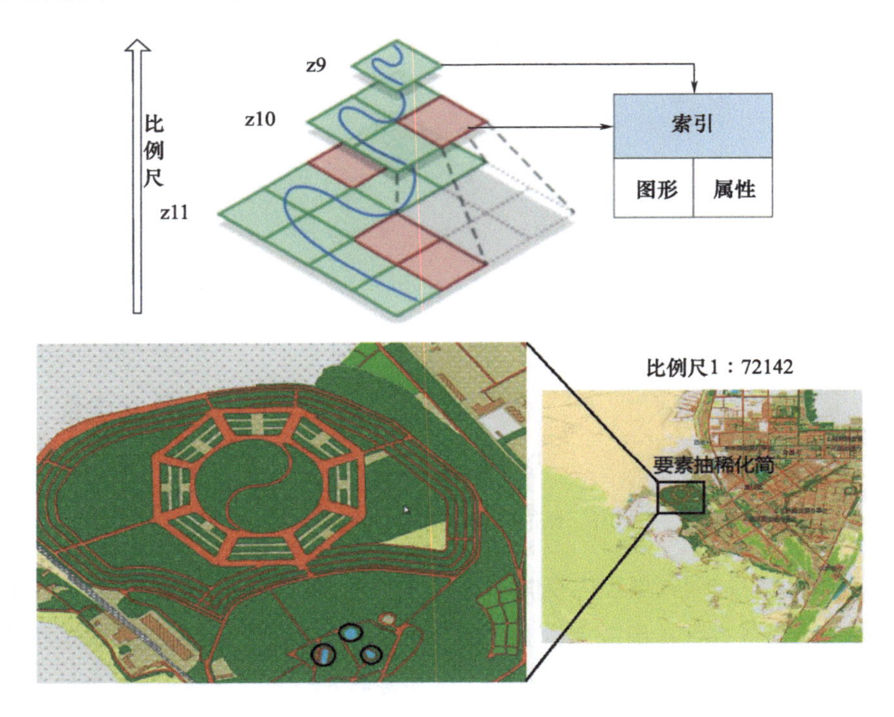

图 3-8　多比例尺矢量瓦片索引

此方式保存了各瓦片中所有要素的图形和属性，一方面通过本级无损的抽稀与切割，达到屏幕显示图形无损；另一方面也可为矢量数据在浏览过程中的查询、过滤提供属性信息。

（2）高效切割算法

在创建索引的过程中，需要将要素根据瓦片大小进行切割。为了提高整体索引创建的效率，设计采用自主高效格网索引切割的算法，相比原本使用 JTS 函数切割效率提高近 1000 倍。以下是对不同节点数量级的图层，使用完善的索引切割算法前后的效率对比（表 3-1）：

表 3-1 切割算法效率

要素节点数	JTS 函数进行格网切割	使用自主高效切割算法进行格网切割
200	＜16ms	＜1ms
2000	＜16ms	＜1ms
20000	100ms 左右	＜1ms
200000	＞10s	＜1ms

（3）高效渲染机制

通过索引调度和数据渲染分离，调度和渲染异步执行两个策略，实现高效渲染机制。前端渲染请求经调度器管理进程，指派调度进程调取数据索引；完成调度后由渲染管理进程判断和识别已空闲的渲染进程，指派空闲进程执行渲染，如此达到多个调度器与多个渲染器有效结合、充分利用系统资源的目标。

（4）矢量瓦片调度与渲染流程

海量矢量数据的快速渲染首先需要基于原始矢量数据构建索引数据，并由客户端发起数据渲染请求。服务引擎在接收到客户端的渲染请求后，从数据库中提取相应空间范围的矢量数据，并结合样式文档，进行实时数据渲染，形成渲染结果文件（栅格文件）。客户端在得到渲染结果的反馈后，进行数据浏览展示，具体技术流程详见图 3-9。

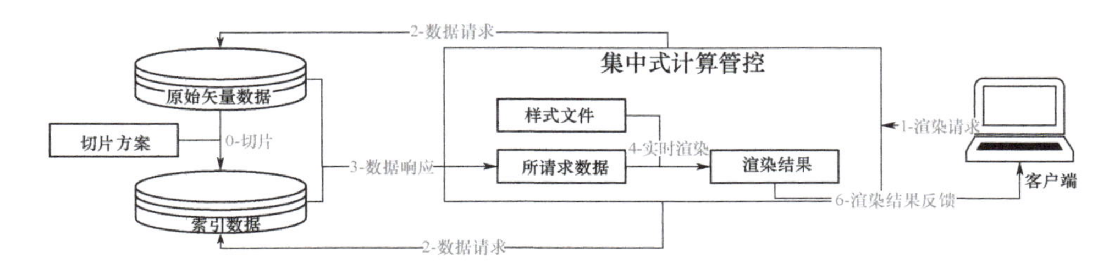

图 3-9 矢量瓦片调度与渲染流程

（5）覆盖范围数据处理技术流程

采用矢量瓦片技术提高影像覆盖范围的浏览速度，具体技术流程为（图 3-10）：

图 3-10 覆盖范围矢量瓦片处理流程

① 首先对影像覆盖范围做预处理；

② 将覆盖范围的矢量以格网形式进行缓存，同时将它的属性加入这个格网中；

③ 在渲染前加入该瓦片，同时生成对该瓦片的属性与空间的索引，并缓存入内存中；

④ 渲染时根据设定的条件决定是否渲染该矢量。

采用该技术一方面可以通过对矢量进行预处理以节省直接渲染时的处理时间，并且格网化后非空间过滤渲染不会再使用大资源消耗的空间查询，将条件过滤由数据库计算单元切换到渲染单元，可以通过增加渲染节点线性提升渲染效率；另一方面，在覆盖范围渲染时，可通过增加渲染节点，采用多机并行渲染的机制，提高渲染速度，同时在加载的时候，采用多线程并行调用矢量瓦片服务，将大大提高覆盖范围的显示浏览效率。

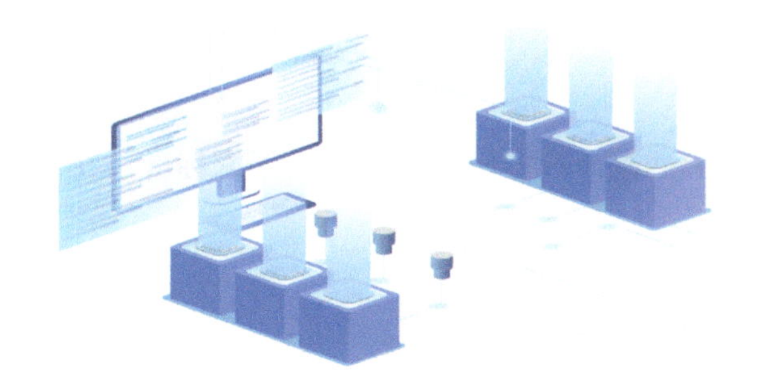

第4章 系统功能设计

从业务应用层面，林业数据管理发布系统可以逻辑划分为数据管理、影像分发、服务发布和综合展示四大子系统。本章从系统总体架构、开发架构、研发技术路线、数据库技术路线等方面对系统进行整体框架设计，并对系统框架下各子系统设计作业流程和功能模块，以支撑林业数据资源综合管理和展示分析业务应用，再利用微服务技术架构，将各个模块进行服务化，并通过统一服务注册管理，以方便系统功能快捷研制和高效率运行维护。

4.1 系统总体设计

4.1.1 设计原则

围绕林业海量数据资源信息化管理、在线共享、综合展示、信息挖掘等业务需求，开展林业数据管理发布系统设计和研制工作。在整合集成基础地理信息数据、卫星遥感数据、林业基础数据、专题调查数据等各类资源的同时不断更新各类新数据、新产品，构建林业信息化业务应用支撑系统，形成全覆盖、全信息、多尺度、多时相、多元化的林业综合数据库。

林业数据管理发布系统建设坚持系统工程的建设思想，开展系统总体设计，确保先进性、系统性、前瞻性、可操作性、兼容性，并按照统一的标准规范，为其他业务系统提供数据服务。总体遵循以下设计原则。

（1）工程化原则

遵循工程化设计思想，进行平台设计与管理，保证系统建设顺利进行，降低和规避系统建设中的各类风险。

（2）标准化原则

在数据资源的分类编目、建库过程中，遵循数据库建设相关的国家标准，在系统开发过程遵循通用的软件工程标准。

（3）先进性原则

紧密跟从国内外林业信息化管理和数据服务发布技术前沿，突破关键技术瓶颈，强化多源数据分析决策的应用能力，实现千万级图斑数据快速渲染展示，提升林业多源数据的应用水平。

（4）开放性原则

充分吸纳地理空间信息科学、遥感技术、计算机网络、服务计算、多媒体技术等领域较为先进的设计理念和成熟的技术成果，设计开放式、柔性可扩展的系统功能框架和数据服务模式，支持平台综合应用。

（5）实用性原则

充分利用我国遥感应用前期技术储备和长期积累的遥感数据、林业数据、林业指标算法和林草行业现有知识储备，确保建设成果实用性强，以增量投入获得高效产出。

（6）可扩展性原则

充分考虑后续系统的扩展与升级。随着林草行业的业务逐步深入和应用范围逐步扩大，系统能够根据应用需要对数据管理规模、综合展示、汇总分析以及相关软硬件进行平滑升级和扩展。

（7）兼容性原则

为了保证林业各种数据源的无障碍应用，发挥自身多年积累的数据价值，系统应具备较好的兼容性，尽可能保证与已有系统的互通互联，并与已有数据相互交换。

4.1.2 总体架构设计

林业数据管理发布系统采用多层结构进行设计，分为基础设施层、数据支撑层、服务层和用户层。总体技术架构如图 4-1 所示。

（1）基础设施层

基础设施建设主要指支撑系统运行的底层软硬件设备建设，包括基础软件、硬件设备、网络资源及虚拟化资源。其中基础软件包括操作系统、数据库、中间件等；硬件设备包括计算资源、存储资源等。

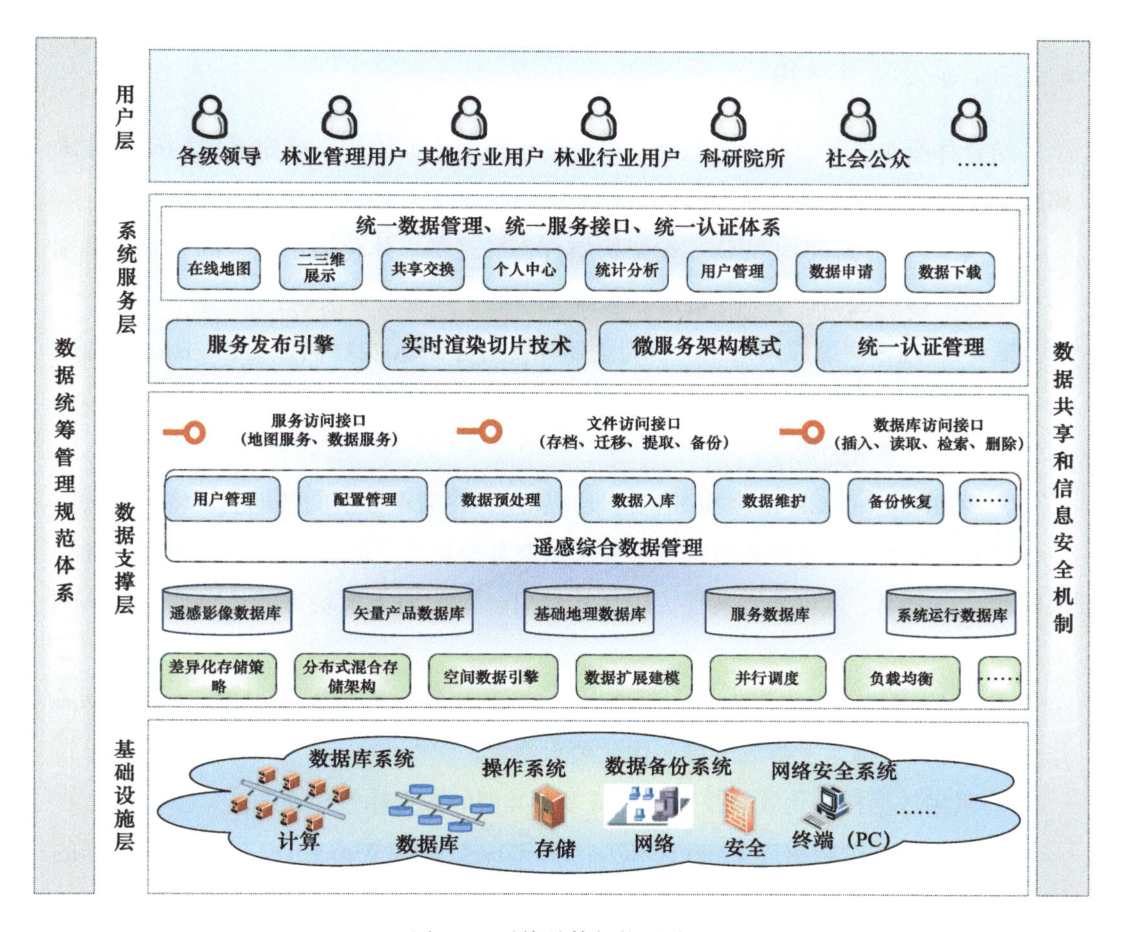

图 4-1　系统总体架构设计图

（2）数据支撑层

数据支撑层实现遥感影像数据、基础地理数据、矢量产品数据、服务数据、系统运行数据等各类数据资源的集中管理，支持数据用户管理、配置管理、数据预处理、数据入库、数据维护、备份恢复等能力。同时对涉密类或受控类数据、公开类数据分别制定不同的数据管理策略，支撑对外的数据发布和应用需求。

（3）系统服务层

系统服务层是在基础设施层和数据支撑层之上，构建统一门户，提供各级用户权限管理、数据综合展示、数据查询申请、数据下载分发、数据决策分析、数据地图服务等能力，支撑林业业务应用服务。

（4）用户层

用户层为林业各级领导、林业行业用户和其他行业用户、科研院所、学校、社会公众等用户群体提供在线数据综合展示、查询浏览、空间分析等应用服务。

4.1.3 研发技术路线

结合林业业务需求、关键问题、应用场景等多方面因素，确定系统的研发技术路线。

① 采用 B/S 端架构和 C/S 端架构结合、二三维一体化展示结合的方式；采用多层体系结构，包括：基础设施层、数据支撑层、系统服务层。

② C/S 端客户端应用采用 C++为主要开发语言，Qt 为界面框架，Visual Studio 2008 为开发环境；B/S 端前端开发采用 Vuejs、ElementUI；服务端应用采用Java语言，以满足跨平台的需求。

③ 采用 Spring Cloud 微服务架构设计思想，在需求分析的基础上，将系统按照业务功能划分为原子化微服务模块，保障微服务模块的“单一职责”，以及微服务模块间的“高内聚、低耦合”特性。应用构建时，对微服务模块进行组装，形成不同应用。

④ 采用 GeoServer 作为地图服务器、Cesium 作为三维地图引擎、Openlayers 作为二维地图引擎，支撑二三维一体化展示需求。

⑤ 采用数据持久化管理技术，支持多种类型的数据库管理系统。

⑥ 采用关系型数据库 PostgreSQL、NoSQL 数据库 MongoDB 进行各类数据的统一存储与管理，空间数据库引擎采用 PostGIS。

⑦ 采用统一建模语言 UML 作为系统建模语言。

⑧ 采用 Visio 作为面向对象分析与系统建模工具。

⑨ 界面基本设计遵循多用户系统、多任务窗口环境、图形化的状态显示、在线帮助的友好界面等，用户界面采用 GUI 界面方式，C/S 端软件界面风格采用类似 Microsoft Office 2007 的 Ribbon 风格。

4.1.4 数据库技术路线

数据库采用大型空间数据库引擎、关系型数据库表、NoSQL 数据集和文件编目相结合的方式实现数据存储，针对数据的不同类型和应用特点采用不同的存储模式。

① 结构化数据、元数据直接存储于关系型数据库中。

② 矢量空间数据、更新频率小且常用的空间数据采用空间数据库引擎 PostGIS 进行管理，存储在关系型数据库 PostgreSQL 中。

③ 快视图文件、栅格矢量、矢量瓦片等小文件，文件离散、读写频繁等非空间

数据，存储到 NoSQL 数据库 MongoDB 中。

④ 遥感影像数据、非结构化数据采用编目方式进行存储和管理。

4.1.5 开发架构设计

采用分层开发架构设计，从下到上，分别为资源层、平台支撑层、平台服务层以及应用层。其中资源层主要包括系统研发过程中所涉及的硬件资源；平台支撑层包括平台所用到的各类中间件、安全认证协议以及数据传输协议等内容；平台服务层为开发架构中的核心，主要基于 HTTP 协议，构建地图服务、数据分析、可视化控件服务、系统服务和数据管理服务等；应用层则包含数据管理、影像分发、服务发布和综合展示等子系统。系统开发架构设计如图 4-2 所示。

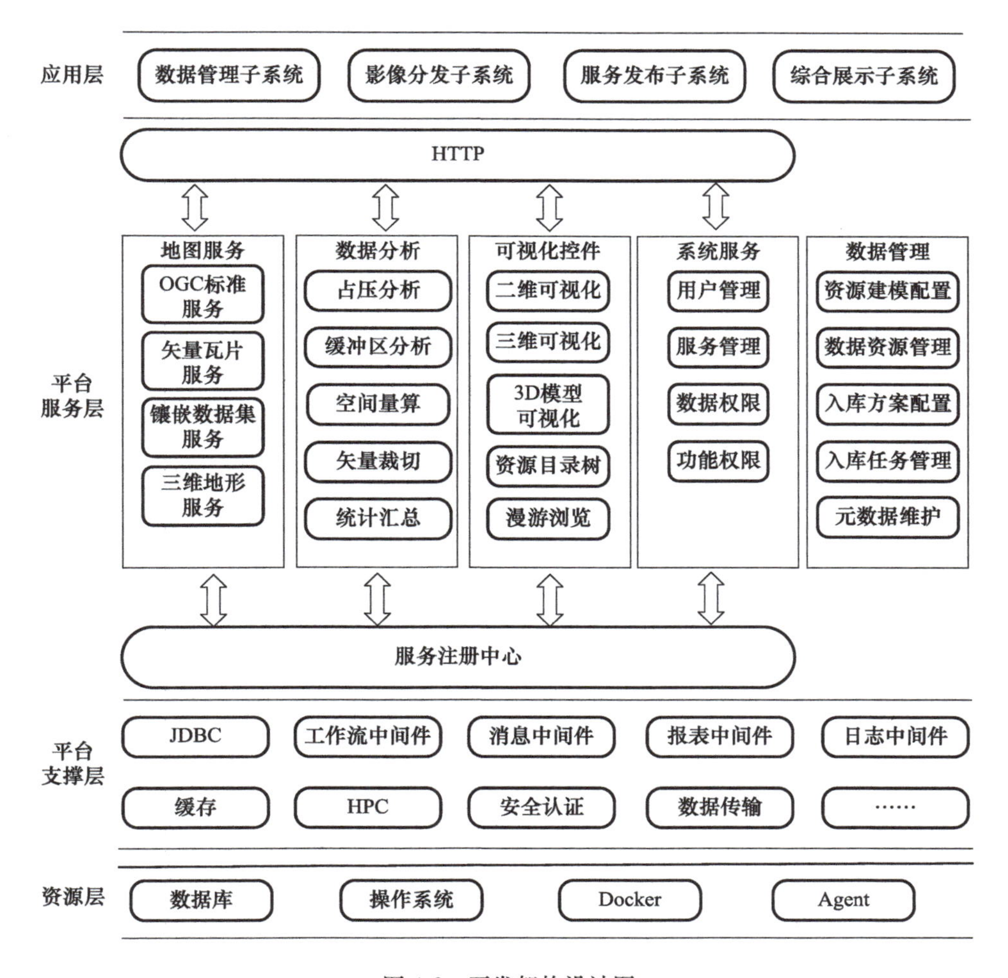

图 4-2 开发架构设计图

（1）资源层

平台开发采用的计算资源服务，包括数据库、操作系统、Docker、Agent 等。

（2）平台支撑层

平台开发的核心 API，平台服务构建所依赖的关键 IT 技术及专业技术，包括工作流中间件、消息中间件、报表中间件、日志中间件、缓存、高性能计算（HPC）、安全认证、数据传输等。

（3）平台服务层

平台服务组件，建立在平台支撑层软件基础之上，是平台服务宿主和具体实现，包含了地图服务、数据分析、系统服务、可视化控件以及数据管理。

（4）应用层

应用层是平台与最终用户接口的层面，也是平台的最终交付物，即林业数据管理与发布系统。

4.1.6　系统接口设计

以综合数据库为核心，通过数据接口、服务调用等接口服务，实现不同业务系统之间的数据资源查询和调度。具体平台内外部接口设计如图 4-3 所示。

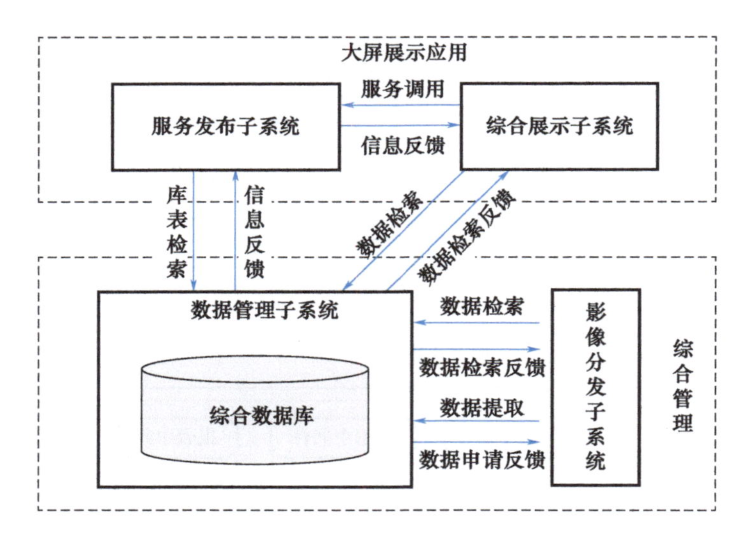

图 4-3　系统接口设计

① 数据管理子系统对影像分发子系统提供数据检索、数据提取接口；影像分发子系统实现遥感影像数据在线查询、申请订购下载。

② 数据管理子系统对综合展示子系统提供数据检索接口；综合展示子系统实现

矢量数据的查询浏览和数据导出。

③ 数据管理子系统对服务发布子系统，提供数据库的库表检索接口服务；服务发布子系统获取综合数据库中相关矢量库表信息。

④ 服务发布子系统对综合展示子系统提供影像、矢量、地形数据服务接口，综合展示子系统实现数据服务接入和二三维综合展示。

4.1.7 系统功能设计

林业数据管理发布系统包括数据管理、影像分发、服务发布和综合展示 4 个子系统。其中数据管理和影像分发子系统，提供林业数据资源的信息化管理和遥感影像的共享分发。服务发布和展示分析子系统，提供影像、矢量、地形、三维模型数据的服务发布管理，以及数据叠加展示和分析决策（图 4-4）。

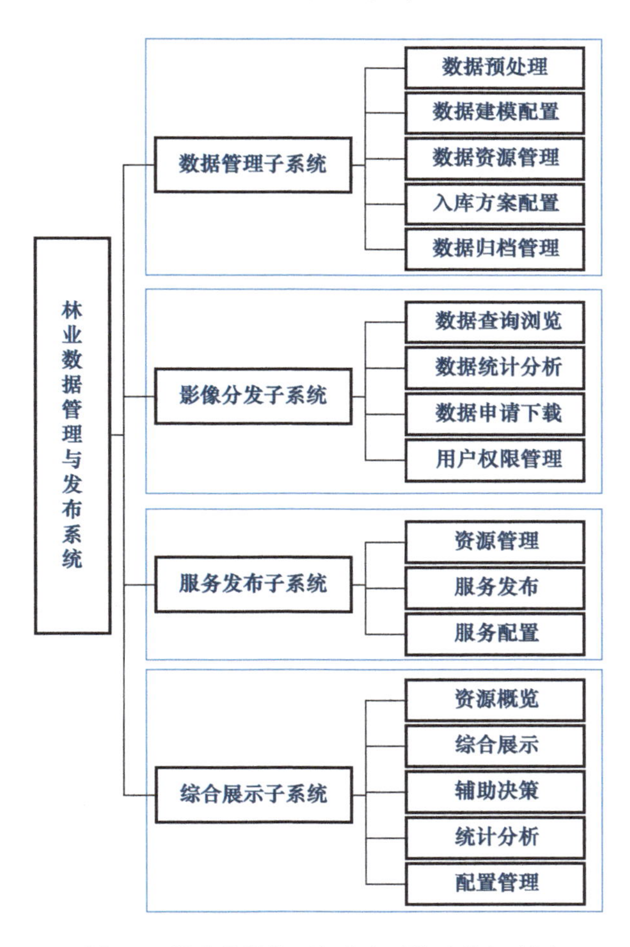

图 4-4 林业数据管理与发布系统功能组成图

4.2 数据管理子系统功能设计

4.2.1 系统概述

数据管理子系统是在数据分析、数据预处理的基础上，针对需要管理的影像、矢量等数据资源，进行数据建模配置，基于插件式的框架，实现入库插件的快速定制、新增数据资源管理的快速扩展。数据管理子系统提供人工交互及自动入库两种方式，满足零散数据不定期手动入库，以及批量数据自动化定期入库等需求。

4.2.2 作业流程

数据管理子系统是通过数据建模配置和入库方案配置，提供数据资源的入库管理（图 4-5）。

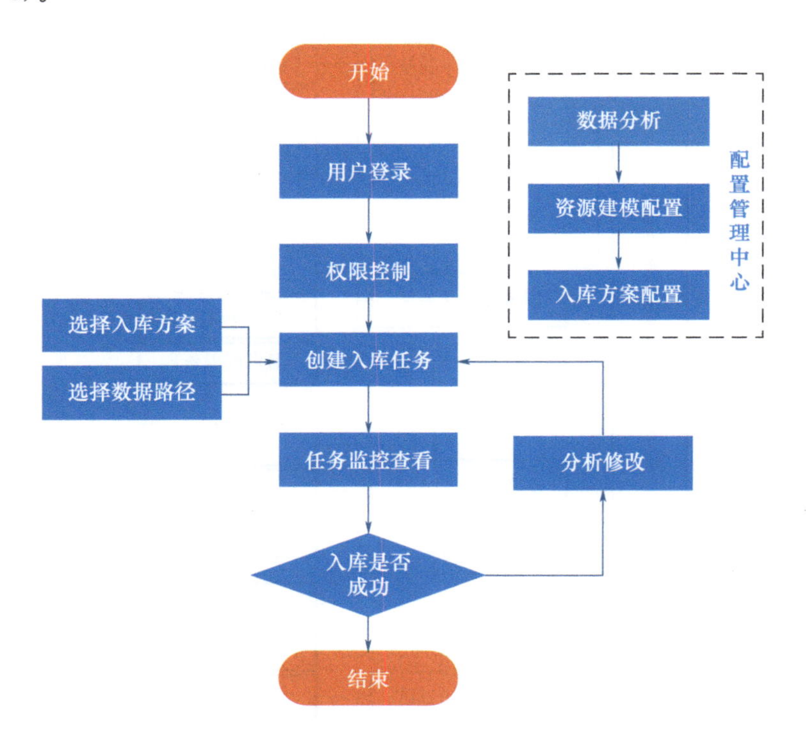

图 4-5　数据入库管理作业流程

① 系统授权用户登录系统；

② 基于已经创建的数据建模资源和入库方案进行数据入库；

③ 对入库任务进行查看，对入库失败数据进行数据分析和入库方案分析，实现数据资源入库管理。

4.2.3 功能介绍

4.2.3.1 数据预处理

数据预处理是针对无描述性文件的影像数据，提供元数据信息提取、快视图及拇指图文件生成等功能，为影像数据入库及查询浏览提供更加丰富的数据基础。

① 元数据信息提取：基于影像数据，提取描述数据的属性及空间信息。

② 快视图文件采集：基于影像数据，采集生成相应的快视图及拇指图文件，支持 jpg、png 格式，支持设置图片采集尺寸等。

4.2.3.2 数据建模配置

数据建模配置是针对需要归档的数据资源，在数据分析的基础上进行数据文件结构创建、数据模板创建及资料模型的创建与管理，形成唯一描述某一类型资源的数据模型。对于数据的属性字段，提供字段配置管理功能，支持字段的新增、修改、删除、导入等，支持值域配置及存储资源配置等通用能力。

① 文件结构创建功能：根据数据的文件组织形式和文件组成，创建文件结构，描述文件名称、文件后缀等信息，作为数据扫描的依据。

② 数据模板创建功能：数据模板是描述数据的内容，包括空间信息和属性信息，依据数据资源的空间参考和属性字段进行创建。数据模板可服务于一类或一个数据资源。

③ 资料模型管理功能：资料模型即数据模型，关联文件结构模型和数据模板，综合描述数据文件结构、空间信息和属性信息。资料模型管理提供资料模型的创建、修改、删除及分组管理等基础操作。

④ 字段配置功能：综合考虑所有需要管理的数据资源的属性、空间字段，进行字段的配置与管理，支持字段的分组管理及新增、修改、删除、导入等基本操作。

⑤ 值域配置功能：值域即字段的字典值，通过配置相应字段的值域列表，支撑数据查询、统计等功能。

⑥ 存储资源配置功能：存储资源配置的是归档数据实体文件的存储位置，支持存储资源的新建、删除及存储路径的修改，实现数据资源存储的扩展管理。

4.2.3.3 数据资源管理

数据资源管理基于创建的数据模型，支持相应数据资源的创建与管理，建立数据物理模型与数据库资源的连接；数据资源管理模块支持业务库、空间库、资料库等多类数据库资源的创建，支持 PostgreSQL、Oracle、MongoDB 等多种数据库资源的连接与管理。针对管理的数据资源，提供空间索引删除和创建、空间范围更新、数据资源属性编辑等多种管理功能。

① 资源目录配置：在配置数据库资源之前，根据数据资源及管理需求进行资源目录的配置，如原始数据库、成果数据库、矢量数据库等，便于数据资源的分类扩展管理。

② 业务库配置管理：提供业务库的新增、属性编辑、删除等功能，业务库的信息包括业务库名称及对应的存储资源。

③ 空间库配置管理：提供本地空间库及远程空间库的配置管理，其中本地空间库需要选择本地库文件，远程空间库配置需要连接各类数据库的信息，支持空间库的新增、属性编辑、删除等功能。

④ 数据集管理：数据集是将数据模型转化为相应的数据库资源，支持数据集的创建、属性编辑、删除等功能。

⑤ 其他辅助功能：除上述功能外，数据资源管理还提供索引的创建、删除、数据集空间范围更新等功能，为数据资源管理提供支撑。

4.2.3.4 入库方案配置

入库方案配置是根据已创建的数据模型、数据资源等，建立数据入库方案，包括数据资源、文件结构规则、入库插件、数据存储等信息的配置，数据入库主要依据数据入库方案实现数据扫描及数据信息、文件的入库管理。

① 分组管理功能：入库方案可根据数据资源进行分组管理，支持分组的创建、删除、信息编辑等功能。

② 方案管理功能：提供入库方案的创建、信息编辑、删除、复制等功能，其中相似的数据资源入库方案可通过复制功能快速创建和修改。

③ 配置管理功能：入库方案信息包括基本信息、数据资源、文件结构、存储资源及入库插件，具体配置信息描述如下：

a. 基本信息：记录入库方案名称，重复数据是否入库等信息；

b. 数据资源：记录入库方案对应的数据库资源，即数据入库的目标库表；

c. 文件结构：记录入库信息来源，包括元数据文件、快视图文件等配置；

d. 存储资源：记录数据实体文件入库的存储位置；

e. 入库插件：设置数据入库环节，数据根据入库环节执行数据入库。

4.2.3.5 数据归档管理

数据归档管理是以插件式的框架实现数据扩展入库，提供数据入库插件的配置管理能力，支持手动交互入库、自动入库及一键式导入等多种入库形式，服务于多种数据资源的入库场景。

① 入库插件管理功能：数据入库环节封装在一个个入库插件中，提供入库插件的导入、新增、分组管理、删除等功能，实现入库插件的规范化管理。

② 手动入库管理功能：支持手动入库管理，通过人工创建数据入库任务实现对应数据的入库。支持入库任务的启动、暂停、删除等操作，支持入库状态的查看及入库日志信息的查看与跟踪。

③ 自动入库管理功能：支持自动入库管理，人工创建自动入库方案后，自动扫描工具及入库工具根据方案设定的周期与数据信息，实现自动化定时的数据扫描与入库。支持入库状态的查看及入库日志信息的查看与跟踪。

④ 通用矢量入库功能：提供通用矢量入库功能，即将矢量要素信息导入至相应的库表资源中。支持 shp、gdb、mdb 等常见的矢量文件格式。

4.2.4 示意代码

数据扫描识别、创建入库任务、执行入库、元数据解析插件核心代码见表 4-1～表 4-4。

表 4-1 数据扫描识别——核心代码

说明：根据文件结构模型对路径下数据进行扫描识别

```
    /**
     * 扫描文件路径
     * @param listDir 文件夹路径列表
     * @return boolean
     */
```

```
bool gwDatumInstanceValidator::ValidateEx (const std::list<QString>& listDir)
{
    gwStopwatch sRegTime;
    if (listDir.empty ())
    return false;
    m_context.Reset ();
    m_result.Clear ();
    //设置原始目录
    //std::copy (listDir.begin (), listDir.end (), std::back_inserter (m_context.walkDirs));
    std::list<QString>::const_iterator it=listDir.begin ();
    for (; it! =listDir.end (); it++)
    {
        QString str= *it;
```

（续）

```
        if (str. isEmpty ())
        continue;
        m _ context. walkDirs. push _ back (str);
    }
    std:: vector<QString>:: iterator dItr = m _ context. walkDirs. begin ();
    std:: vector<QString>:: iterator dEnd = m _ context. walkDirs. end ();
    for (; dItr ! = dEnd; ++dItr)
    {       //路径分隔符统一
         QString& walkDir = * dItr;
         walkDir. replace (" \\\\", " /");
         if (! walkDir. endsWith (" /"))
              walkDir += " /";
    }
    std:: vector<QString>:: iterator itr = m _ context. walkDirs. begin ();
    std:: vector<QString>:: iterator end = m _ context. walkDirs. end ();
    for (gwInt32 nIdx = 0; itr ! = end; ++itr, ++nIdx)
    {
        QString& strCurrDir = * itr;
        //gwString strTemp = gwQtSystemUtility:: QString2GwString (strCurrDir);
        //gInfo (LOG _ CAT, gwString:: sprintf (" Dir: %s ", strTemp. ToPlatform () . c _ str ()))
        m _ context. walkDirLength = strCurrDir. length ();
        m _ context. nDirDepth = 0;
        Find _ MainItemFlag (strCurrDir);
        if (m _ context. count2Match > 0)
        {
             if (m _ context. countMatched >= m _ context. count2Match)
                  break;
        }
    }
    sRegTime. Stop ();
    gInfo (" ValidateEx", gwString:: sprintf (" ValidateEx (const std:: list<QString>& listDir): %. 3f",
sRegTime. GetConsumedTime ()));
    return true;
}
```

表 4-2 创建入库任务——核心代码

```
校验任务数据
    /* *
     * 根据扫描文件创建任务数据
     *  return bool
     */
```

```
gwBoolean gwArchiveDataBaseValidator:: Execute ()
{
    m _ vecArchiveData. clear ();
    m _ vecRepeatData. clear ();
    gwString strVersion = L"";       gwDatumSchemeModel * pModel;
    gwRSDataModelFunc:: GetDatumScheme (pModel);
    if (NULL == pModel)
    {
        return gwFALSE;
```

（续）

```
    }
    pModel->GetScheme (m_pScheme, m_nSchemeId);
    if (NULL == m_pScheme)
    {
        return gwFALSE;
    }
    gwBoolean bVersion = IsVersion ();
    gwString strDataName;
    gwBaseInstancePtr pFileModelCheckInfo;
    gwBoolean bFind = gwFALSE;
    gwInt32 nSameCount = 0;
    gwDouble dAmount = 0.0;
    gwString strDataPath;
    std::list<gwString> listDataNames;
    GetDataNamesByScheme (listDataNames);
    std::list<gwBaseInstancePtr>::iterator itrBaseInfo = m_listBaseInstance.begin ();
    std::list<gwBaseInstancePtr>::iterator itrBaseInfoEnd = m_listBaseInstance.end ();
    for (; itrBaseInfo != itrBaseInfoEnd; ++itrBaseInfo)
    {
        pFileModelCheckInfo = (*itrBaseInfo);
        if (! IntegrityCheck (m_bIntegrityCheck, m_strDetectionName, pFileModelCheckInfo))
        {
            continue;
        }
        strDataName = gwQtSystemUtility::QString2GwString (pFileModelCheckInfo->GetName ());
        QString strPath = GetFilePath (pFileModelCheckInfo);
        if (pFileModelCheckInfo->GetValidatorFlag ())
        {
            gwString sTempPath = gwQtSystemUtility::QString2GwString (strPath);
            gDebug (LOG_CAT, gwString ( ) .sprintf ( " path: %s, size:%lf ", sTemp-
Path.ToPlatform () .c_str (), dAmount));
            //当前任务下是否存在重复数据。(在各派生类中获取数据) 自动入库数据。同一个方案任
务下，数据不重复创建
            bFind = std::find (listDataNames.begin (), listDataNames.end (), strDataName) ! =
listDataNames.end ();
            if (! bFind)
            {
                gwArchiveDataPtr pData = new gwArchiveData;
                pData->SetName (strDataName);
                pData->SetFlag (ADataFlag_Valid);
                pData->SetState (ADataState_Ready);
                pData->SetVersion (strVersion);
                GetArchiveDataInfo (pFileModelCheckInfo->GetName (), dAmount, strDataPath);
                pData->SetAmount (dAmount);
                pData->SetDataPath (strDataPath);
                QString strBaseDir;
                m_result.GetBaseDir (strBaseDir, gwQtSystemUtility::GwString2QString (strDa-
taName));
                gwString gwwStrBaseDir = gwQtSystemUtility::QString2GwString (strBaseDir);
                gwRSDataManageFunc::OSConvertDir (gwwStrBaseDir);
                pData->SetBaseDir (gwwStrBaseDir);
```

（续）

```
                pData->SetCreateTime (gwDateTime:: SystemTimeNow ());
                m_vecArchiveData.push_back (pData);
            }
            else
             {
                gwUnArchiveDataPtr pRecord = new gwUnArchiveData;
                pRecord->SetName (strDataName);
                pRecord->SetDataPath (gwQtSystemUtility:: QString2GwString (strPath));
                pRecord->SetUnArchiveType (UnArchiveType_Repeat);
                m_vecRepeatData.push_back (pRecord);
                nSameCount++;
            }
        }
    }
    return gwTRUE;
}
```

表 4-3 执行入库——核心代码

说明：传递数据入库任务信息，调用入库程序，执行数据入库操作

```
/**
    *根据创建任务数据执行入库
    *param nTaskId 任务 ID
    *param nDataId  数据 ID
    * returngwArchiveDataState
    */
```

```
gwArchiveDataState gwArchiveDataWorker:: Run (gwInt32 nTaskId, gwInt32 nDataId)
{
    gInfo (LOG_CAT, gwString:: sprintf (" archive task: %d -- %d", nTaskId, nDataId));
    if (! IsOnLine ())
    {
        gError (LOG_CAT, " workspace connection failed!");
        return ADataState_Failed;
    }
    gwString strTaskTable = ARCHIVE_TASK_TABLE;
    gwString strDataTable = ARCHIVE_DATA_TABLE;
    if (! Lock (strTaskTable, nTaskId))
        {
        gError (LOG_CAT, " archive task lock failed!");
        return ADataState_Failed;
    }
    gwArchiveDataPtr pData = NULL;
    gwArchiveTaskPtr pTask = NULL;
    GetArchiveTask (pTask, nTaskId);
    // 准备状态时，设置任务状态为执行中
    if (pTask->GetState () == ATaskState_Ready)
    {
        StartArchiveTask (pTask);
    }
```

(续)

```
    UnLock (strTaskTable, nTaskId);
    if (! Lock (strDataTable, nDataId))
    {
        gError (LOG_CAT, " archive data lock failed!");
        return ADataState_Failed;
    }
    gwArchiveDataState nState = pData->GetState ();
    if (nState ! = ADataState_Ready)
    {
        gError (LOG_CAT, gwString:: sprintf (" archive data %d state is: %d", nDataId, nState));
        UnLock (strDataTable, nDataId);
        return nState;
    }
    //设置为入库状态
    if (pData->GetState () == ADataState_Ready)
    {
        pData->SetState (ADataState_Storing);
        pData->SetFlag (ADataFlag_Valid);
        UpdateArchiveData (pData);
    }
    UnLock (strDataTable, nDataId);
    //没有插件的情况下，不执行
    gwArchivePlugins plugins;
    gwArchivePluginContext context (NULL);
    if (! Prepare (nTaskId, pTask, plugins, &context))
    {
        gError (LOG_CAT, " archive task or data prepare error !");
        pData->SetState (ADataState_Failed);
        UpdateArchiveData (pData);
        return ADataState_Failed;
    }
    if (! SetDatumInstance (pTask, pData, &context))
    {
        gError (LOG_CAT, gwString:: sprintf (" datum instance check failed : %d", nDataId));
        pData->SetState (ADataState_Failed);
        UpdateArchiveData (pData);
        return ADataState_Failed;
    }
    gInfo (LOG_CAT, gwString:: sprintf (" start ArchiveData task: %d -- %d", nTaskId, nDa-
taId));
    gwBoolean bRet = ArchiveData (pTask, pData, &context, plugins);
    UnLock (strTaskTable, nTaskId);
    //数据入库后处理
    ArchiveDataAfter (pTask, pData, &context);
}
```

表 4-4　元数据解析插件——核心代码

说明：对数据的元数据文件进行解析，提取元数据信息，输入数据库中

```
/**
 * 解析 xml 元数据信息
 * returngwArchiveDataState
 **/
```

```
        gwBoolean gwXMLMetaFileReader::ParseBaseXML ()
{
    gwTextFileType eType = gwRSDataManageFunc::GetTextFileType (gwQtSystemUtility::QString2GwString (m_strFilePath).ToPlatform ());
    QTextStream stream (&m_File);
    QTextCodec * codec = QTextCodec::codecForName (" utf8");
    if (eType == FileType_ANSI)
    {
        codec = QTextCodec::codecForName (" gb2312");
    }
    stream.setCodec (codec);
    QString content = stream.readAll ();
    QDomDocument doc;
    QString errorStr;
    int errorLine, errorCol;
    if (! doc.setContent (content, &errorStr, &errorLine, &errorCol))
    {
        gError (LOG_CAT, " 读 xml 失败，失败原因:" + gwQtSystemUtility::QString2GwString (errorStr).ToPlatform ()
            + "; 失败行:" + gwString (errorLine).ToPlatform ()
            + "; 失败列:" + gwString (errorCol).ToPlatform ());
        return gwFALSE;
    }
    //返回根节点
    m_domRoot = doc.documentElement ();
    return m_domRoot.hasChildNodes ();
}
```

4.3　影像分发子系统功能设计

4.3.1　系统概述

针对卫星遥感影像数据特征，影像分发子系统提供影像数据的空间、属性条件查询，以结果列表、空间范围、快视图叠加等方式展示。通过影像库存、分发统计汇总、数据订购申请、订单审批、数据在线分发模式，满足不同用户群体对遥感影像数据检索下载的需求。

4.3.2 作业流程

用户可登录系统，进行数据查询，挑选所需数据，加入购物车中进行申请下载（图 4-6）。

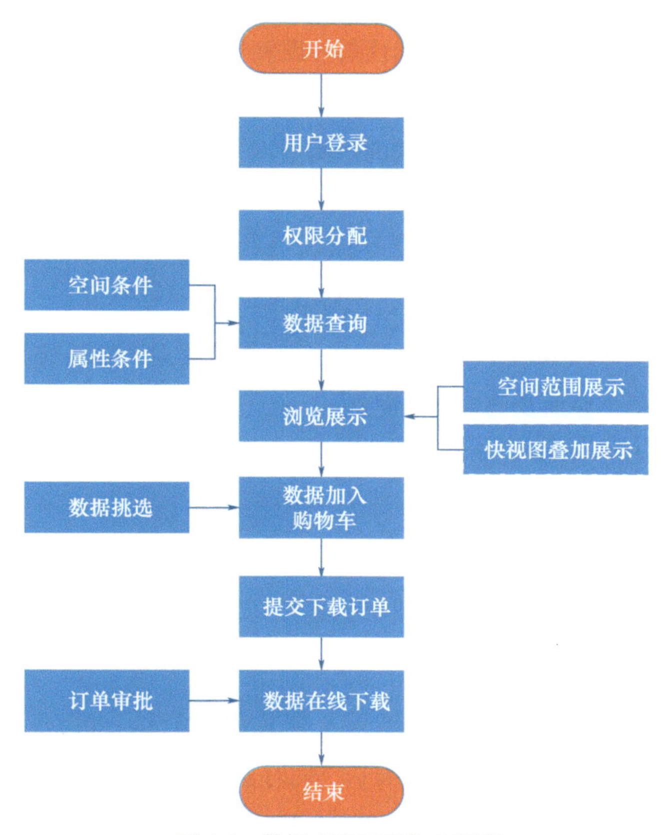

图 4-6　数据查询下载作业流程

① 授权用户登录系统；

② 通过属性、空间条件进行数据查询；

③ 对数据结果进行空间范围展示，辅助挑选所需数据；

④ 将需要的数据资源加入购物车中；

⑤ 在购物车中提交数据下载订单；

⑥ 订单审批完成后，用户可进行数据在线下载。

4.3.3 功能介绍

4.3.3.1 数据查询浏览

数据查询浏览是基于管理的数据资源，提供属性查询、空间查询、联合查询等多种形式的查询方式，满足用户的查询需求；同时对于查询结果，支持结果信息列表浏览、快视图叠加浏览、元数据详情信息浏览等不同浏览方式；并对查询结果，提供多种数据信息导出功能，包括元数据信息导出、快视图文件导出及未覆盖区域导出等。

① 属性查询功能：支持数据的属性条件设置与查询，包括卫星、传感器、采集时间、文件名称、云量等属性信息。

② 空间查询功能：提供多种方式的空间查询，包括空间绘制、行政区、shp 上传及经纬度设置等。

③ 查询结果列表浏览功能：数据查询后，提供数据查询结果列表属性信息的浏览，支持当前页显示数量的设置及翻页浏览。

④ 快视图叠加浏览功能：针对有快视图文件的数据，提供快视图叠加浏览功能，支持快视图单个叠加及批量叠加浏览。

⑤ 元数据详情信息浏览功能：支持数据详情信息的浏览，包括所有元数据信息、快视图信息的浏览。

⑥ 数据信息导出功能：提供数据信息导出功能，包括勾选数据的结合表、未覆盖范围以及快视图文件的导出。

4.3.3.2 数据统计分析

数据统计分析是基于管理的数据资源及数据申请情况，进行多维度的数据统计分析，统计结果以图、表结合的形式展示，同时支持统计结果导出。

① 数据库存储统计功能：是对当前数据库存储资源的统计，支持多种维度的统计，包括按卫星类型、按时间统计，统计结果以图表结合的形式展示。

② 统计结果导出功能：对于统计结果，提供统计图、表的导出，可进一步导出分析统计信息。

4.3.3.3 数据申请下载

数据申请下载是基于数据查询结果，用户可挑选符合要求的数据进行在线申请，生成相应的数据申请订单，订单提交后需要通过管理员审核，审核通过后可进行数据实体的在线下载。该系统提供数据订单的信息与状态管理，便于及时跟踪订单状态以获取数据。

① 申请订单生成功能：数据加入购物车之后，可挑选实际需要的数据记录生成相应的数据申请订单。

② 订单管理功能：包括申请订单状态的跟踪与展示，对于未审核或审核退回的订单，提供订单信息编辑与订单删除功能。

③ 订单审批功能：申请订单提交后，由管理员用户进行订单数据的审核；审核通过后，用户可进行数据下载，审核退回时，管理员用户需要填写退回意见，用户根据意见进行修改后重新提交。

④ 数据下载功能：审核通过的数据申请订单，用户可进行数据实体的下载，提供数据下载工具，支持批量下载。

4.3.3.4 用户权限管理

用户权限管理是通过管理员添加的形式进行用户的分配使用，向管理员用户提供用户信息的管理，包括用户新增、用户信息修改、用户权限分配等；用户权限通过用户角色配置，支持用户角色的新增与权限的配置和修改。

① 用户信息管理功能：提供用户新增、用户信息编辑、用户赋权、用户删除等用户信息管理功能，由管理员用户统一进行管理。

② 用户角色管理功能：提供用户角色新增、删除与信息编辑，用户权限与用户角色绑定，每个用户角色具有相应的权限信息。

4.3.4 示意代码

数据查询接口、数据订购申请、订单审批管理、数据在线下载、统计汇总核心代码见表 4-5～表 4-9。

表 4-5 数据查询接口——核心代码

说明：通过调用后台提供公共查询接口，获取当前页数据列表信息

```
public QueryResultVo getQueryResult (DataQueryParameter dataQueryParameter) {
        //加一个唯一值才可以避免分页时候第二页数据存在第一页的数据
        dataQueryParameter.getOrderFields () .put (" guid", OrderType.asc);
        PageQueryModel pageQueryModel = getPageQueryModel (dataQueryParameter);
        //通过 RSMPService 获取查询到的数据记录
        Integer integer = rsmpService.searchCount (pageQueryModel);
        SearchRowsModel searchRowsModel ;
        if (integer>0) {
            searchRowsModel =rsmpService.searchData (pageQueryModel);
            if (searchRowsModel==null) {
                searchRowsModel = new SearchRowsModel ();
            } else {
                long start = System.currentTimeMillis ();
                searchRowsModel = packing (dataQueryParameter.getId (), searchRowsModel);
                getThumbnail (searchRowsModel);
```

（续）

```
                long end = System.currentTimeMillis ();
                LOGGER.info (" packing:" + (end - start));
                mapPostTypeHandler (searchRowsModel, dataQueryParameter.getId ());
            }
        } else {
            searchRowsModel = new SearchRowsModel ();
        }
        returnQueryResultVo.builder ()
                .pageNum (dataQueryParameter.getPageNum ())
                .pageSize (dataQueryParameter.getPageSize ())
                .total (integer)
                .rows (searchRowsModel.getRows ()) .build ();
    }
```

表 4-6 数据订购申请——核心代码

说明：将所需数据资源，以数据订单方式进行提交

```
public DataOrder create (@Valid CreateOrderDTO dto) throws IOException {
        // 判断下单数量是否超限
        if (Boolean.TRUE.equals (limitOrder)) {
            valid (dto);
        }
        // 生成数据申请订单
        DataOrder order = BeanUtil.toBean (dto, DataOrder.class);
        baseMapper.insert (order);
        // 关联订单与数据项目
        DataItemServiceImpl dataItemService = SpringContextHolder.getBean (DataItemServiceImpl.class);
        dataItemService.updateBatchById (diList);
        // 附件处理
        ArrayList<DataOrderAnnex> annexList = new ArrayList<DataOrderAnnex> ();
        // 申请表
        List<MultipartFile> appFormFile = dto.getAppFormFile ();
        // 凭据文件
        List<MultipartFile> cerFile = dto.getCerFile ();
        if (CollUtil.isNotEmpty (annexList)) {
            DataOrderAnnexServiceImpl annexService = SpringContextHolder.getBean (DataOrderAnnexService-
Impl.class);
            annexService.saveBatch (annexList);
        }
        if (Boolean.TRUE.equals (limitOrder)) {
            recordOrderInfo (dto);
        }
        return order;
    }
```

表 4-7 订单审批管理——核心代码

说明：管理员对用户提交的数据订单进行审批管理

```
public void doCheck (@Valid OrderCheckDTO dto) {
        LambdaQueryWrapper<DataOrder> orderQ = new LambdaQueryWrapper<> ();
        orderQ. in (DataOrder:: getId, idList);
        orderQ. eq (DataOrder:: getCheckStatus, OrderCheckStatus. UN _ CHECK. getCode ());
        orderQ. select (DataOrder:: getId, DataOrder:: getApproveUserId);
        List<DataOrder> orderList = baseMapper. selectList (orderQ);
        if (CollectionUtils. isEmpty (orderList)) {
            throw new RuntimeException (" 请勿重复审批!");
        }
        List<String> approveUserIdList = new ArrayList<> ();
        for (DataOrder order : orderList) {
            // 更新状态
            if (OrderCheckStatus. PASS. getCode () . equals (checkStatus)) {
                order. setGetMethod (getMethod); // 记录数据获取方式
            }
            String approveUserId = order. getApproveUserId ();
            if (StringUtils. isNotBlank (approveUserId)) {
                approveUserIdList. add (approveUserId);
            }
            // 如果审批通过了，则订单状态修改为数据准备，否则还是处于审批阶段
            if (OrderCheckStatus. PASS. getCode () . equals (checkStatus)) {
                if (needPreparedData) {
                    order. setStatus (OrderStatus. DATA _ PREPARE. getCode ());
                } else {
                    order. setStatus (OrderStatus. COMPLETE. getCode ());
                }
            }
    order. setHisStatus ( HisStatusUtil. getHisStatus ( OrderKeyAction. CHECK. getCode ( ), or-
der. getHisStatus ()));
            order. setCheckTime (new Date ());
        }
        // 批量更新
        DataOrderServiceImpl service = SpringContextHolder. getBean (DataOrderServiceImpl. class);
    service. updateBatchById (orderList);
        // 发送审批短信通知
        String smsContent = null;
        if (OrderCheckStatus. PASS. getCode () . equals (checkStatus)) {
            smsContent = " 您好，您的数据订单申请已经通过审核。";
        } else {
            smsContent = " 您好，您的数据订单申请未通过审核。审批意见：" + checkIdea;
        }
        if (sendPhoneMsg) {
            WsUpmsUtil. sendSMS (approveUserIdList, smsContent);
        }
        // 给订单发起人发消息
        if (Boolean. TRUE. equals (sendSMS)) {
            for (DataOrder order : orderList) {
                try {
```

（续）

```
                WsScdmMsgUtil. batchSendMsg (msg);
            } catch (Exception e) {
                log. error (" 给审批人员发送消息出错!", e);
            }
        }
    }
}
```

表 4-8　数据在线下载——核心代码

说明：审批通过的订单，通过调用数据下载接口，在线下载数据实体文件

```
public void getDataEntityFileByte (Stringguid, HttpServletResponse response) {
    Map<String, List<String>>filePath = getDataEntityFilePath (Collections. singletonList (guid));
    if (filePath. containsKey (guid) && ! StringUtils. isEmpty (filePath. get (guid))) {
        if (filePath. get (guid) . size () ==1) {
            File file = new File (filePath. get (guid) . get (0));
            downLoadFile (file, response);
        } else {//多个文件需要打包下载
            downLoadZipFile (filePath. get (guid), response);
        }
    }
}
```

表 4-9　统计汇总——核心代码

说明：基于统计条件、统计维度、统计单位等参数对数据资源进行统计汇总

```
private List<StatisticsResultVo> assembleData (List<Map<String, Object>> data, StatisticsParameter
statisticsParameter, DataSizeUnit dateSizeUnit) {
        List<StatisticsResultVo> statisticsResultVos = new ArrayList<> (data. size ());
        data. forEach (map-> {
            StatisticsResultVo statisticsResultVo = new StatisticsResultVo ();
            ShowFieldResult showFieldResult = new ShowFieldResult ();
            StringdataSize =map. containsKey (Constant. DATASIZE _ FIELD)? map. get (Constant. DATA-
SIZE _ FIELD) . toString ():" 0";
showFieldResult. setSize ( DoubleUtils. formatDoubleByFun ( dataSize, dateSizeUnit, DoubleUtils::
changeDataSizeUnit));
            showFieldResult. setCount (map. get (Constant. COUNT) . toString ());
            statisticsResultVo. setResult (showFieldResult);
            statisticsResultVos. add (statisticsResultVo);
        });
        //如果是时间类型统计的话，需要按照时间进行排序
        if (statisticsParameter. getDimension () . equals (StatisticalDimension. TIME)) {
            returnstatisticsResultVos. stream ()
                    . sorted ( (o1, o2) ->order (o1, o2, statisticsParameter. getTimeType (). getFormat-
String (), OrderType. asc)) . collect (Collectors. toList ());
        }
        returnstatisticsResultVos;
    }
```

4.4　服务发布子系统功能设计

4.4.1　系统概述

服务发布子系统以数据服务渲染引擎为支撑，提供矢量数据、栅格数据、瓦片集等多源数据资源的数据源注册、样式符号配置、地图场景配置、数据服务发布等能力，支持多种标准的 OGC 服务格式，可供综合展示子系统以及第三方系统平台进行数据服务接入。

4.4.2　作业流程

4.4.2.1　地图服务发布

地图服务发布功能通过在线配置、加工地图文档，进行地图服务发布，根据地图包含的不同数据，可以发布不同形式的地图服务。总体流程分为数据准备、新建地图、地图配置、服务配置、服务发布、服务预览 6 部分（图 4-7）。

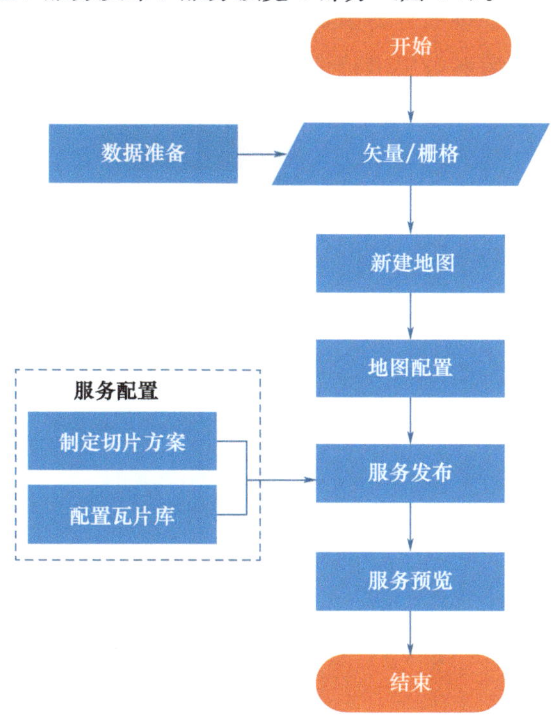

图 4-7　地图服务发布作业流程

① 数据准备：通过直接读取实体数据，或通过连接数据库，获取地图服务数据源，再按照制图规范进行符号制作，并将制作好的符号转换为样式；

② 新建地图：创建地图文档；

③ 地图配置：在线配置地图加工文档，可加载矢量栅格数据，进行显示样式以及图层显示顺序的配置；

④ 服务配置：配置地图切片方案和瓦片库；

⑤ 服务发布：配置服务名称、服务类型、切片级别等参数后进行地图服务发布；

⑥ 服务预览：可对服务效果进行预览、服务详情查看。

4.4.2.2 三维服务发布

三维服务发布是将制作好的三维地形瓦片或三维模型瓦片发布为三维服务。总体流程分为数据准备、场景配置、服务发布、服务浏览 4 部分（图 4-8）。

① 数据准备：三维地形瓦片，可以是 terrain 格式；三维模型瓦片，可以是 3dtiles 格式；

② 场景配置：创建场景文档；

③ 服务发布：配置三维服务的参数，进行三维服务发布；

④ 服务预览：可对服务效果进行预览、服务详情查看。

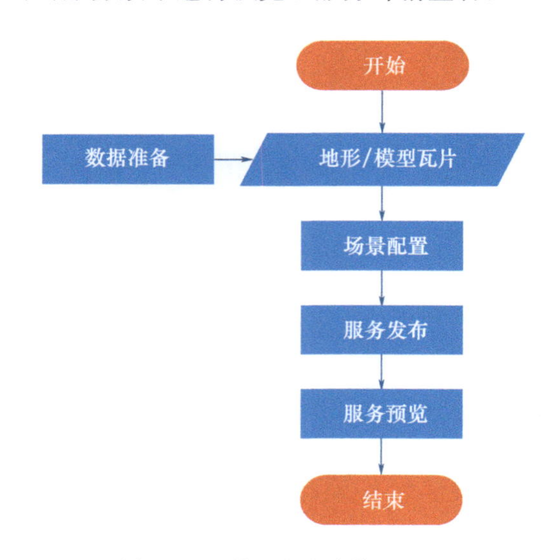

图 4-8 三维服务发布作业流程

4.4.2.3 矢量瓦片服务发布

矢量瓦片服务发布功能通过在线配置地图文档，进行矢量瓦片服务发布。总体流程分为数据准备、新建地图、地图配置、服务配置、服务发布、服务预览 6 部分（图 4-9）。

① 数据准备：直接读取矢量数据，或连接矢量数据关系数据库，再按照制图规范进行符号的制作，并将制作好的符号转换为样式；

② 新建地图：创建地图文档；

③ 地图配置：在线配置地图加工文档，可加载矢量数据，进行显示样式以及图层显示顺序的配置；

④ 服务配置：配置地图切片方案和瓦片库；

⑤ 服务发布：配置服务名称、服务类型、切片级别等参数后进行矢量服务发布；

⑥ 服务预览：可对服务效果进行预览、服务详情查看。

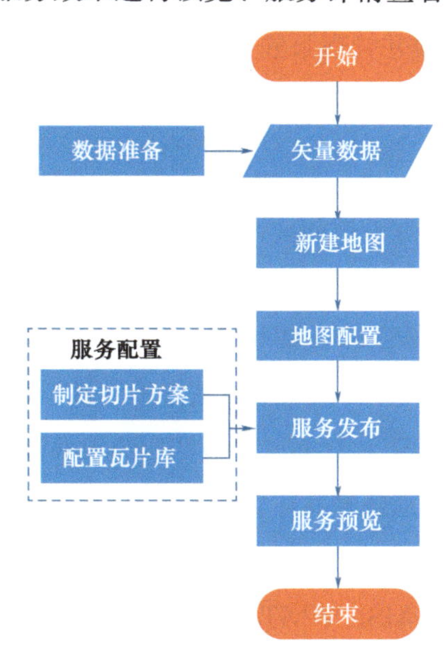

图 4-9 矢量瓦片服务发布作业流程

4.4.3 功能介绍

4.4.3.1 资源管理

资源管理即统一管理系统的数据源、符号、样式、地图文档和场景文档，主要包括数据源管理、符号管理、样式管理、地图配置、场景配置等功能。支持矢量、栅格、瓦片等数据资源的管理与服务发布，支持点、线、面、标注等符号样式配置。

① 数据源管理：用于进行统一添加管理，支持矢量数据源、栅格数据源、瓦片数据源的文件连接及数据库连接，支持数据源的更新与删除等基础操作。

② 符号管理：用于设计并管理服务发布的符号。支持符号的自定义设置，包括点、线、面符号；支持符号库及符号的导入、导出功能。

③ 样式管理：用于管理服务发布的符号转换成的样式，在此基础上可直接发布带符号的在线服务。样式管理支持样式库的添加、编辑与删除，支持样式的转入、删除、符号预览与下载操作。

④ 地图配置：用于创建并管理服务发布的在线地图文档。服务发布时可以直接把在线地图文档发布为各种类型的在线服务。支持地图文档的创建、信息编辑及删除，支持地图的渲染配置，提供统一样式、分类样式、基于规则的样式配置，以及标注的配置。

⑤ 场景配置：用于创建并管理服务发布的在线场景文档，可将在线场景文档直接发布为各种类型的在线服务，提供场景的创建、编辑与删除功能。

4.4.3.2 服务发布

服务发布功能可提供各种类型的服务发布与浏览，支持地图服务、三维服务及矢量服务的发布，提供标准 OGC 的服务格式，包括 Web Map Service（WMS）、Web Map Tile Service（WMTS）、Web Feature Service（WFS）、Web Coverage Service（WCS）。服务发布后，可提供给第三方软件进行调用。

① 地图服务发布：支持两种数据源，包括地图数据源及瓦片数据源，根据检测到地图中的数据类型，可分别选择并配置以下功能：

a. 仅存在矢量图层：WMS、WMTS、WFS。

b. 仅存在栅格图层：WMS、WMTS、WCS。

c. 同时存在矢量、栅格图层：WMS、WMTS。

当服务类型勾选 WMTS 时，需配置缓存参数，选择切片方案、保存方式、瓦片格式、切片方式等信息，提交后即可进行服务的发布。

② 三维服务发布：主要包括三维地形、倾斜摄影数据等，设置基本信息、资源信息及服务类型，基于场景文档发布三维服务的格式。

③ 矢量服务发布：基于矢量要素数据源，选择对应的配图方案与切片方案，设

置切片层级，完成矢量服务的发布。

④ 服务管理：针对发布的地图服务、矢量服务、三维服务等，均可在服务列表中进行查询、查看，支持服务预览、服务详情查看、启动或停止服务及服务删除等操作。

4.4.3.3 服务配置

服务配置提供切片方案及瓦片库的配置管理，切片方案主要用于规定 WMTS 服务的空间参考、切片范围、瓦片大小、瓦片层级等参数；瓦片库配置主要用于规定 WMTS 服务的缓存类型和缓存位置。

① 切片方案配置管理功能：切片方案为 WMTS 服务切片提供标准，包括空间参考、瓦片大小、瓦片层级、切片范围等内容。支持切片方案的删除、内容编辑等功能。

② 瓦片库配置管理功能：用于配置 WMTS 服务的缓存类型及缓存位置，包括瓦片库的名称、类型、连接参数等信息，支持 MongoDB 和 SQLite 两种类型。

③ 集群配置管理功能：服务发布系统支持集群管理，可以由多个节点资源共同支撑系统运行。

4.4.4 示意代码

符号转样式、服务发布创建图层、Grid 切片生产、WMTS 瓦片请求核心代码见表 4-10～表 4-13。

表 4-10 符号转样式——核心代码

说明：将制作的符号发布成样式，为地图配置提供样式选择

```
public static String convertSymbolToSdl (RsmseSymbolInfo symbolInfo, Double minScale, Double maxScale)
throws Exception {
        StyleFactory2 sf = (StyleFactory2) CommonFactoryFinder. getStyleFactory ();
        FilterFactory2 ff = CommonFactoryFinder. getFilterFactory2 ();
        SLDTransformer transformer = new SLDTransformer ();
        StyledLayerDescriptor sld = sf. createStyledLayerDescriptor ();
        FeatureTypeStyle fts = sf. createFeatureTypeStyle ();
        Style style = sf. createStyle ();
        style. setName (symbolInfo. getName ());
        style. featureTypeStyles () . add (fts);
        NamedLayer userLayer = sf. createNamedLayer ();
        userLayer. setName (symbolInfo. getName ());
        userLayer. styles () . add (style);
        sld. addStyledLayer (userLayer);
        SymbolType type = symbolInfo. getSymbolType ();
        Rule rule = sf. createRule ();
```

（续）

```
        rule. setName (symbolInfo. getName ());
        fts. rules () . add (rule);
        //设置比例尺
        if (minScale ! = null && minScale > 0) {
            rule. setMinScaleDenominator (minScale);
        }
        if (maxScale ! = null && maxScale > 0) {
            rule. setMaxScaleDenominator (maxScale);
        }
        switch (type) {
            case POINT _ 2D:
                SldStyleUtil. convertSldPoint (rule, sf, ff, symbolInfo);
                break;
            case LINE _ 2D:
                SldStyleUtil. convertSldLine (rule, sf, ff, symbolInfo, null);
                break;
            case POLYGON _ 2D:
                SldStyleUtil. convertSldPolygon (rule, sf, ff, symbolInfo);
                break;
            case COLOR _ MAP:
                SldStyleUtil. convertSldRaster (rule, sf, ff, symbolInfo);
                break;
            case TEXT:
                SldStyleUtil. convertSldText (rule, sf, ff, symbolInfo);
                break;
        }
        return transformer. transform (sld);
}
```

表 4-11　服务发布创建图层——核心代码

说明：创建服务图层，关联数据和样式，实现影像、矢量数据的服务发布

```
private LayerInfo createLayer (StoreInfo expandedStore, Name name, String srs, boolean isVectorTile) {
        try {
            CatalogBuilder builder = new CatalogBuilder (catalog);
            builder. setStore (expandedStore);
            if (expandedStore instanceof DataStoreInfo) {
                FeatureTypeInfo fti = builder. buildFeatureType (name);
                //原生的数据范围
                CatalogBuilder cb = new CatalogBuilder (this. catalog);
                ReferencedEnvelope nativeBounds = cb. getNativeBounds (fti);
                fti. setNativeBoundingBox (nativeBounds);
                StringfitSrs = fti. getSRS ();
                if (StringUtils. isEmpty (fitSrs)) {
                    fti. setSRS (srs);
                }
                final booleanlongitudeFirst = true;

                CoordinateReferenceSystemdeclaredCrs = CRS. decode (srs, longitudeFirst);
fti. setLatLonBoundingBox (fti. getNativeBoundingBox () . transform (declaredCrs, true));
```

（续）

```
            LayerInfo layerInfo = builder. buildLayer (fti);
            layerInfo. getMetadata () . put (" buffer", 128);
            returnlayerInfo;
            } else if (expandedStore instanceof CoverageStoreInfo) {
            CoverageInfo ci = builder. buildCoverage (null);
            StringcoverageSrs = ci. getSRS ();
            if (StringUtils. isEmpty (coverageSrs)) {
                ci. setSRS (srs);
            }
            return builder. buildLayer (ci);
            }
        } catch (Exception e) {
            throw newRuntimeException (
                    " Error occurred while building the resources for the configuration page", e);
        }
        return null;
}
```

表 4-12　Grid 切片生产——核心代码

说明：基于矢量瓦片提取生成矢量 Grid 数据集

```
public static GridSet getGridSet (RsmseGridSet rsmseGridSet) throws Exception {
        //坐标系
        StringepsgCode = rsmseGridSet. getEpsgStr ();
        SRS srs = SRS. getSRS (epsgCode);
        CoordinateReferenceSystemcrs = CRS. decode (epsgCode);
        booleanyCoordinateFirst = false;
        CoordinateReferenceSystemcrsNoForceOrder = CRS. decode (" urn: ogc: def: crs:" + epsg-
Code);
        yCoordinateFirst = CRS. getAxisOrder (crsNoForceOrder) == CRS. AxisOrder. NORTH _
EAST;
        //范围
        RsmseExtent gridSetExtent = rsmseGridSet. getExtent ();
        BoundingBox extent = new BoundingBox (gridSetExtent. getMinX (), gridSetExtent. getMinY
(), gridSetExtent. getMaxX (), gridSetExtent. getMaxY ());
        DoublemetersPerUnit = GridSetUtil. getMetersPerUnit (crs);
        double [] resolution =rsmseGridSet. getResolution ();
        int length = resolution. length;
        String [] scaleNames = new String [resolution. length];
        for (int i = 0 ; i < length ; i++) {
            scaleNames [i] =Integer. toString (i);
        }
        GridSet gridSet =
                GridSetFactory. createGridSet (
                        rsmseGridSet. getName (),
```

（续）

```
                        srs,
                        extent,
                        true,
                        resolution,
                        null,
                        metersPerUnit,
                        pixelSize,
                        scaleNames,
                        rsmseGridSet. getTileWidth (),
                        rsmseGridSet. getTileHeight (),
                        yCoordinateFirst);
        return gridSet;
}
```

表 4-13　WMTS 瓦片请求——核心代码

说明：矢量瓦片服务对应的 WMTS 服务瓦片请求说明

```
public byte [] getTile (String renderServerUrl, String styleName, String format, String tileMatrix, String
tileCol, String tileRow, HttpServletRequest request, HttpServletResponse response) throws Exception {
        MimeType mimeType = ImageMime. png;
        //pbf
        if (ApplicationMime. mapboxVector. getFileExtension () . equals (format)) {
                StringBuilderservletPath = new StringBuilder (RsmseVectorConstant. TILE _ SERVER _
ROOT _ SERVLET _ PATH);

servletPath. append ( " /data/") . append (styleName) . append ( " /") . append (tileMatrix) . append
(" /");
            servletPath. append (tileCol) . append (" /") . append (tileRow) . append (" . pbf");
            request = newRequestParamWrapper (request, null, servletPath. toString ());
            mimeType = ApplicationMime. mapboxVector;
        }
        return RsmseHttpUtil. responseTile ( tileCache, renderServerUrl, styleName, tileCache. getTileCacheKey
(tileCol, tileRow, tileMatrix, styleName, request. getParameter (" width")), mimeType, request, response);
}
```

4.5　综合展示子系统功能设计

4.5.1　系统概述

综合展示子系统基于数据服务注册、数据目录配置、字典映射管理等一体化基础能力，实现数据服务的接入和图层展示；同时利用图层检索服务接口，实现矢量数据资源的属性/空间检索、空间分析、统计汇总，支撑数据资源应用分析。

4.5.2　作业流程

综合展示作业分为数据服务注册配置、数据图层展示、数据检索浏览、空间分析决策等几个阶段，实现数据服务资源的展示应用（图 4-10）。

① 提供已发布数据服务的注册管理，通过数据目录、字典映射配置，实现数据服务的接入和展示。

② 提供图层叠加、放大缩小、漫游浏览、图层缩放等功能，实现数据图层的浏览展示。

③ 为数据展示分析提供多种工具集，包括坐标、行政区、地籍号的空间定位，卷帘、多屏的对比分析，面积、距离的空间量算，视角书签管理等。

④ 基于数据服务接口，实现数据空间及属性检索、压占分析、统计汇总等分析决策功能。

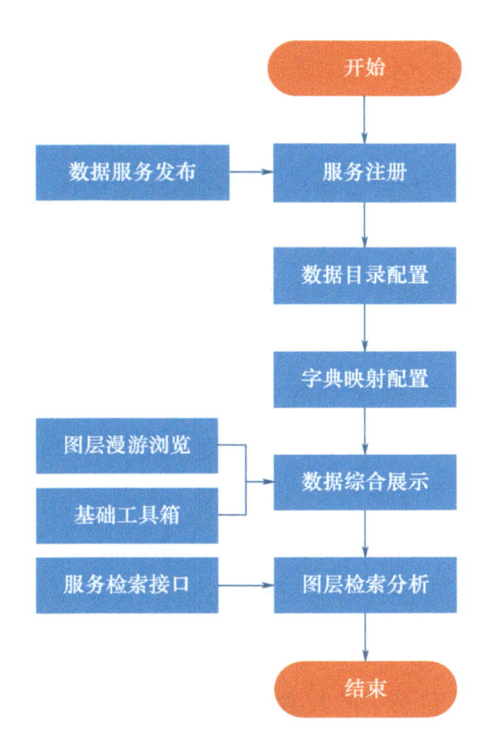

图 4-10　综合展示作业流程

4.5.3 功能介绍

4.5.3.1 资源概览

资源概览主要进行资源统计信息的展示与浏览，包括各类数据资源总体统计指标的展示，提供森林资源、湿地资源等统计指标详情浏览，支持按照时间、行政区进行资源统计信息的筛选与浏览。

① 资源展示：提供林业各类资源的总体信息概览，主要包括各类资源最新时相数据的总体统计指标展示，可提供各种类型的图表展示方式，支持林、草、湿、沙资源的地图分布展示。

② 资源详情浏览：针对森林资源、湿地资源及古树名木资源等，提供详情统计信息的展示与浏览，包括统计图表与地图分布等展示方式。

③ 资源筛选：提供时间与行政区的资源信息筛选浏览，由于数据资源时相不统一，在资源概览页面中提供每类资源的时间筛选，支持地图行政区的交互筛选展示。

4.5.3.2 综合展示

综合展示是基于发布的数据服务，脱离数据实体依赖，提供二三维场景服务数据的浏览、查询、定位、测量等功能，便于用户进行快速的数据浏览与查询。数据服务以目录方式进行管理与操作，个人目录是从公共目录点击收藏形成的，是个人感兴趣的数据服务目录，便于用户快速进行服务的查找与展示；所有打开的服务图层可在图层列表中进行管理与操作，提供服务显隐功能；针对打开的数据服务，提供选中服务图层的空间查询、属性查询，支持查询结果的简单统计与结果导出。综合展示模块同时还提供了各类操作工具，包括 *i* 查询、空间定位、对比浏览、视角书签、全图展示、测距测面等，辅助数据查询与分析。

① 公共目录：展示配置的所有服务目录，支持服务图层的打开、关闭、全图展示及收藏，支持服务的模糊查询，可快速定位相应数据服务进行浏览操作。

② 个人目录：为公共目录中的收藏目录，是公共目录的子集，仅作为逻辑化管理，支持服务图层的打开、关闭及全图展示。

③ 图层管理：主要管理已打开的服务图层，支持图层的关闭、显隐操作等，提供图层透明度的统一设置与单独设置。

④ 数据查询：提供空间、属性空间—属性联合等查询方式，在选择服务图层的

基础上，设置相应的条件进行数据查询。查询结果以列表形式展示，提供查询结果的导出、统计及展示字段的设置等功能。查询结果提供表格、shp 两种导出格式，导出后可进一步进行数据分析。

⑤ 对比浏览：提供卷帘、多屏及时间轴 3 种对比浏览方式，其中多屏对比浏览支持 2 屏、4 屏、6 屏的对比展示；时间轴支持自动放映与点击浏览两种操作方式，可对多时相、强关联数据进行对比分析。

⑥ 空间定位：支持快速定位至选择或设置的空间位置，进行相应空间下的服务数据浏览，提供行政区、经纬度、地籍号、图幅号及空间文件导入等定位方式。

⑦ *i* 查询：针对服务数据的要素级别，进行单个要素的查询与结果展示，支持要素关联信息的展示，如关联图片等。

⑧ 其他工具功能：主要包括测距测面、全图展示、视角书签、图例展示及全屏等，其中测距测面支持二三维场景，三维场景下支持空间距离及地表面积的量测；当前浏览视窗加入书签后，可通过点击快速定位至该视窗进行浏览；针对打开图层，提供相应图例的展示与筛选展示功能。

4.5.3.3 辅助决策

辅助决策是基于多源、多类型的林业数据资源，面向领导决策辅助需求，提供多图层分析展示、三维场景交互操作、森林防火分析等。

① 多图层分析展示：支持对单图层、多图层数据进行空间分析、空间裁切等操作，为占压林地业务提供分析能力。

② 三维场景交互操作：支持三维优势树种、景观树种模型在场景中交互种植，为营林业务提供模拟和分析能力。

③ 森林防火分析：针对森林火灾预防，提供灾害情况、防火设施、森林资源等内容分析，为森林防火决策提供分析数据。

4.5.3.4 统计分析

统计分析基于林业数据资源，提供自定义统计与按模板统计两种展示方式。其中自定义统计支持统计条件的自定义，可根据统计需求设置相应条件进行统计；按模板统计是结合统计模板与数据资源，根据模板规定的统计项进行统计与展示。统计分析提供统计结果导出，方便开展结果分析。

① 自定义统计：选定数据资源，根据统计需求自定义统计条件，如时间、范围、具体统计指标等，统计结果以表格形式展示，支持统计结果导出。

② 按模板统计：根据统计需求，选择报表模板与统计级别等，按报表模板进行统计及结果展示，支持统计报表的批量统计与导出。

4.5.3.5 配置管理

配置管理模块衔接服务发布与展示，通过数据服务配置、目录配置、字典映射配置等，实现各类数据资源服务的展示、统计与应用分析。数据服务的配置支持各类 OGC 标准服务的注册，数据服务涵盖矢量服务、影像服务、三维地形服务、注记服务等，满足展示浏览需求；通过数据目录配置进行数据服务的逻辑化管理与展示控制；同时，通过数据字典映射配置实现服务数据属性字段名与别名的关联展示。

系统用户权限控制通过用户管理功能实现，利用用户角色配置数据权限与功能权限，实现不同层级用户的不同操作限制。另外，在系统操作过程中会记录操作日志，通过系统日志管理进行查询与展示。

① 服务配置管理：数据资源发布服务后，通过服务配置实现服务注册，包括数据服务配置及底图服务配置。配置内容包括服务名称、服务地址、服务时相等，其中底图服务还包括注记图层的配置与显隐配置。

② 目录配置管理：对注册的服务实行逻辑化管理，支持目录分组、子分组及服务图层的新增、修改与删除操作，可根据目录展示需求进行组织。其中服务图层目录需要挂接注册的数据服务与查询服务，以便进行数据展示与查询。

③ 字典映射配置管理：矢量数据对应的字段一般为英文名称，同时字段的字典值为代码，需要通过数据字典配置相应的别名，方便展示查看。数据字典配置包括属性字段别名配置与字典值代码别名配置，支持多目录关联配置，以及配置信息的导入、导出及删除等操作。

④ 用户管理：系统用户通过管理员进行用户的新增操作实现用户分配，包括用户管理与用户角色管理。其中用户管理支持用户的新增、删除、信息修改及密码重置等，均需要管理员用户进行操作实现。用户角色管理规定了用户的权限，包括数据权限与系统功能权限，支持角色的新建、角色信息修改、权限修改及角色删除等操作，通过角色权限设置，保障了系统操作的安全性，同时也为精准化服务提供了相应的支撑。

⑤ 系统日志管理：系统日志主要记录了系统登录登出、数据浏览、数据查询、统计等系统基础操作信息，包括操作账号、操作时间、操作内容等，支持日志的筛选与导出操作。

4.5.4 示意代码

林业整体资源概览、矢量图层查询、字典映射管理、统计分析核心代码见表 4-14～表 4-17。

表 4-14 林业整体资源概览——核心代码

说明：获取林业不同资源类型、不同年份、不同行政区的重要指标信息

```
    /**
     * 获取行政区资源类型的总体分布
     * @param distributionItem 资源类型
     * @param year 年份
     * @param parentCode 当前行政区的上一级行政区代码
     * @return
     */
```

```
    public ArrayNode getXzqDistribution (String distributionItem, String year, String parentCode) {
        //获取行政区内资源总体面积
        StringareaItem = getAreaItem (distributionItem);
        if (StringUtils. isEmpty (areaItem)) {
            throw newRsdsException (" 获取行政区资源面积信息失败，不支持该资源类型");
        }
        //组装查询条件
QueryFilter queryFilter = combineFilter (distributionItem, year, parentCode);
        //查询结果
        try {
            List<Map<String, Object>>areaList = DBHelperFactory. queryByFilter (dbConnection,
resourceTableName, queryFilter);
            ArrayNode arrayNode = JsonNodeFactory. instance. arrayNode ();
        //查询结果进行转换
            areaList. stream () . forEach ( map -> {
                ObjectNode node = JsonNodeFactory. instance. objectNode ();
                Stringxzqdm = "";
                if (map. get (" xzqdm") ! = null) {
                    xzqdm = map. get (" xzqdm") . toString ();
                }
                String area ="";
                if (map. get (" value") ! = null && map. get (" data _ unit")! = null) {
                    String newValue = map. get (" value") . toString ();
                    if (newValue. indexOf (" .")! = -1 && newValue. substring (newValue. indexOf (" .")+
1) . length () >4) {
                    newValue = df. format (Double. valueOf (newValue));
                    }
                    area = newValue + map. get (" data _ unit") . toString ();
                }
                ObjectNode detailNode = getXzqDetail (distributionItem, finalYear, xzqdm);
                node. put (" xzqdm", xzqdm);
                node. put (" area", area);
                ObjectNode detailNewNode = node. putObject (" detail");
                Iterator<String> filedNames = detailNode. fieldNames ();
```

（续）

```
                while (filedNames. hasNext ()) {
                    String fieldName =filedNames. next ();
                    detailNewNode. put (fieldName, detailNode. get (fieldName) . asText ());
                }
                arrayNode. add (node);
            });
            return arrayNode;
        } catch (SQLException sqlException) {
            log. error (" 查询统计信息失败" + sqlException);
            return null;
        }
}
```

表 4-15　矢量图层查询——核心代码

说明：调用矢量服务图层关联的数据查询接口，支持空间范围、属性条件的查询和结果反馈

```
        /**
         * 查询目录节点树
         * param createUserId 创建人
         * name 目录名称，支持模糊查询
         * businessType 节点业务类型（展示节点/分析节点）
         */
```

```
List<CatalogNode> catalogNodeTree (String createUserId, String name, Integer businessType) {
Specification<CatalogNode> specification = ( (root, criteriaQuery, criteriaBuilder) -> {
            List<Predicate> predicates = newArrayList<> ();
            if (StringUtils. isNotEmpty (createUserId)) {

predicates. add (criteriaBuilder. equal (root. get (" createUserId"), createUserId));
            }
            if (StringUtils. isNotEmpty (name)) {
                predicates. add (criteriaBuilder. equal (root. get (" nodeName"), name));
            }
            if (businessType! = null) {

predicates. add (criteriaBuilder. equal (root. get (" businessType"), businessType));
            }
            return criteriaBuilder. and (predicates. toArray (new Predicate [predicates. size ()]));
        });

        Sort sort = Sort. by (Sort. Direction. ASC, ConstantEnum. Default _ Sort _ Field. getCode ());
        List<CatalogNode> catalogNodes =  catalogNodeRepository. findAll (specification, sort);
        return catalogNodes;
}
```

表 4-16　字典映射管理——核心代码

说明：通过矢量服务图层与字典关联关系，获取目录图层节点的字段映射信息，字段展示对应映射为字典编码

```
/**
 * 获取目录节点的字段映射关系
 * @param catalogId 目录节点 id
 **/
```

```
public List<DictionaryValue> obtainAllFieldsWithMapping (String catalogId) {
    //获取 catalogNode
    Optional< CatalogNode > optional =   catalogNodeRepository. findById (Long. valueOf (cata-
logId));
    if (! optional. isPresent ()) {
        throw newRsdsException (" 没有找到数据目录");
    }
CatalogNode catalogNode = optional. get ();
    List<Dictionary> dictionaries = catalogNode. getAliasDictionaries ();
    List<Long>dicIds = dictionaries. stream () . map (Dictionary:: getId) . collect (Collectors. toList ());
    List<DictionaryValue> results = new ArrayList<> ();
    if (CollectionUtils. isNotEmpty (dicIds)) {
        for (Long s : dicIds) {
            DictionaryValueDTO dto = DictionaryValueDTO. builder ()
                    . dictionaryId (s)
                    . build ();
            List<DictionaryValue> values = dictionaryValueService. obtainList (dto);
            results. addAll (values);
        }
    }
    //去重
    List<DictionaryValue> uniques = results. stream () . collect (
            Collectors. collectingAndThen (
                    Collectors. toCollection ( () -> new TreeSet<DictionaryValue> (Compara-
tor. comparing (DictionaryValue:: getCode))), ArrayList:: new));
     if (uniques. stream () . filter ( r ->r. getSequenceNumber () == null) . collect (Collec-
tors. toList ()) . size () > 0) {
        return uniques;
    } else {
        List<DictionaryValue> sortedUnique =
uniques. stream ( ) . sorted (Comparator. comparing (DictionaryValue:: getSequenceNumber)) . collect
(Collectors. toList ());
        return sortedUnique;
    }
}
```

表 4-17　统计分析——核心代码

说明：选择 X 轴统计字段、Y 轴统计字段、统计值，进行自定义统计，生产交叉统计表

```
public SearchTableModel customStatic (CustomStaticModel staticModel) {
        String catalogNodeId = staticModel. getCatalogNodeId ();
        CatalogNode catalogNode = catalogNodeService. queryCatalogNodeDetail (catalogNodeId);
        if (catalogNode == null) {
            return null;
        }
        List<Dictionary>valueDics = catalogNode. getValueDictionaries ();
        DataBaseTable dataBaseTable = catalogNode. getConnectTable ();
        DataBaseSource dbSource =  dataBaseTable. getDataBaseSource ();
        DbConnection connection = dbSource. getConnection ();
        QueryFilter queryFilter = WKTUtil. repairWkt (dataBaseTable. getCrs (), staticModel. getQueryFilter ());
        SearchTableModel records = DBHelperFactory. queryPivotStatic (connection, dataBaseTable. getName (),
pivotModel, queryFilter);
}
```

第5章 林业数据库设计

建设林业一体化数据库，通过数据库设计、数据建库、数据入库和管理维护，实现林业数据资源的统筹管理。本章在遵循基本的数据库设计原则和设计方法的基础上，从数据库建设路线、数据库逻辑设计、数据库物理设计、数据安全设计等方面对林业一体化数据库的建库过程进行说明，构建林业数据管理与应用服务发布系统的基础。

5.1 总体设计

5.1.1 数据库设计原则

为保证数据库体系的统一性、标准性、高效性和可扩展性，数据库设计需要遵循以下原则：

① 唯一性原则：同一类型的数据应由同一数据库进行存储和管理。

② 数据库平台原则：应使用当前主流的数据库软件建立数据库，并在条件允许下尽可能使用信创产品。本书关系型数据库选用开源的 PostgreSQL、非关系型数据库选用 MongoDB。

③ GIS 平台原则：应使用主流空间数据库引擎。本书选用 Postgis。

④ 空间数据格式原则：当空间数据存放于文件系统中时，矢量数据应使用 Shapefile 文件格式；栅格影像应使用兼容的 Erdas img、GeoTIFF 等格式。当空间数据存放于数据库中时，矢量及栅格数据应使用 Geodatabase 格式。

⑤ 坐标体系原则：使用 CGCS2000 作为基准坐标系，允许其他坐标体系的存在。

⑥ 数据库接口设计原则：定义统一的数据库接口标准，所有开放给外部系统的接口均应符合这一标准，标准包含接口数量、接口名称、接口功能、参数列表、反馈信息等。

⑦ 元数据设计原则：数据库中涉及的每种数据，都应定义其元数据，元数据中至少包含基本信息、时间信息、空间信息、质量管理信息以及与数据类型对应的扩展信息等。

⑧ 用户及权限设计原则：各数据库均应包含权限控制，不同的用户或角色拥有不同的权限。

5.1.2 数据库设计方法

依照数据库总体设计原则进行数据库的建设，首先在相关数据、软硬件分析基础上由设计人员采用面向对象技术和 UML 语言进行数据库设计；然后利用脚本化建库方法完成数据库的建库，同时针对海量数据特征进行海量空间数据库建设；最后在数据库建设基础上，通过业务化数据质检与入库方法对相关矢量、栅格数据进行自动归档、人工批量归档。

（1）基于面向对象技术与 UML 语言的数据库设计

首先采用对象分析方法，将业务中所涉及的所有对象分析和定义出来，保证数据库业务逻辑能够通过对象设计得到更好的表达。在对象分析完成之后，通过 UML 语言对数据中的数据类型、数据应用、数据特征、数据关系、数据行为进行设计和描述。最终依据数据库的三大范式以及性能要求采用 UML 语言在 PostgreSQL 数据库中实现所有对象的映射和持久化。

数据库设计最终通过 Visio 或 Rational Rose 实现。

（2）脚本化数据库建库

为方便数据库的部署和维护，在整个数据库建设过程中，数据库的所有初始化任务均生成数据库脚本，包括数据库、数据表、存储过程、事务、索引、触发器等的创建和修改。

数据库交付的同时提供数据库相关脚本，通过数据库脚本可以直接进行数据库的部署和初始化操作，无须人工干预。脚本化数据可以提高数据库部署的效率，同时避免人为失误。

（3）海量空间数据库建设

数据库需实现海量空间数据的存储，包括各类遥感影像数据、矢量数据等，数据类型不同、数据量大。为确保海量空间数据的安全、高效存储和管理，通过空间数据库引擎技术进行海量空间数据库的建设，并依据矢量数据、栅格数据各自特点采用不同的数据存储模式。

（4）业务化数据质检与入库

数据库存储、管理和应用的数据多种多样，在对数据进行入库时必须能够业务化建模处理，批量化对数据进行质检、处理和入库，保证入库数据的正确性和数据入库的效率。

5.1.3 数据库建设路线

数据库涉及的数据类型、数据格式多样，因此数据库的设计必须考虑数据规范问题。将多源异构数据按照统一的标准规范进行集成并录入到数据库中。完整的数据库建设应包含从数据库设计与建库、数据入库到数据库运行维护的整个流程，具体技术路线如图 5-1 所示。

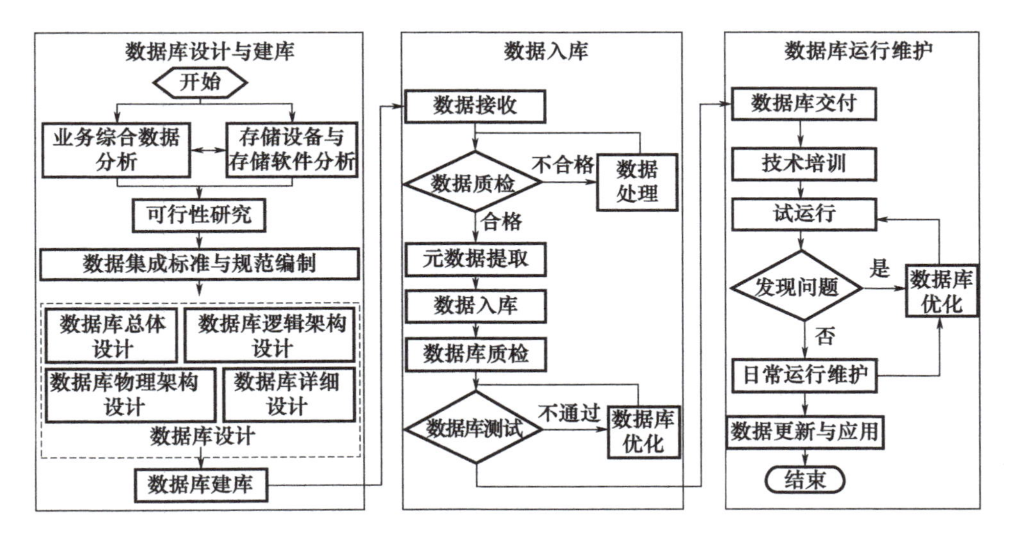

图 5-1 数据库建设技术路线

（1）数据库设计与建库

数据库的设计和建设必须考虑相关数据内容、软硬件设备等因素，针对数据特征、数据应用、软硬件现状等分析数据库建设的可行性，并制定数据集成标准与规范。在调研和分析的基础上进行数据库的总体设计、逻辑架构设计、物理架构设计和数据库详细设计等，完成数据库的建库。

（2）数据入库

数据具有多源、多类型、多格式的特点，需要按照设计好的数据模式、数据结构和数据标准入库。

入库前需要对数据进行质量检查与编辑、元数据生成，对质检通过的数据执行入库；对于质检未通过的数据进行编辑与处理后重新质检入库。

数据库建设完成后需要进行内部测试，查看数据库是否稳定高效、是否达到预期指标，对于发现的问题即时修复，确保最终提交的是合格的数据库。

（3）数据库运行与维护

数据库运行期间用户开展业务应用，并对数据库进行日常管理和维护。在运行期间如果发现问题则对数据库进行优化和修复，经过不断地发现问题和解决问题，最终建设成一个稳定的、可以支撑数据管理系统业务化运行的数据库。

5.1.4 数据库设计规范

5.1.4.1 命名规范

根据数据库表不同的分类和用途，对同一类型的库表采用统一的命名规则。数据库表中的字段名称命名方式为：F _ 字段标识。

5.1.4.2 数据类型要求

数据库表字段主要用到的数据类型包括：

① 字符型：存储各种字符类型的数据，如数据名称、备注信息、传感器名称、产品级别、单位名称等；

② 数值类型：存储各种纯数值类型的字段，如数据 ID、景 ID、数据量、产品 ID 等；

③ 时间类型：存储系统运行相关时间数据字段，如创建时间、数据采集时间、数据入库时间等；

④ LOB 字段类型：存储各种大字段数据，如快视图文件、拇指图文件等；

⑤ 空间类型：数据库的空间数据都存储在空间字段 SDO _ GEOMETRY 中。

5.1.4.3 逻辑结构设计要求

数据库逻辑结构设计中，需要考虑查询检索、读写等各种操作的效率与便捷性，设计过程需要遵循以下要求：

① 数据库表中需要设计唯一主键；

② 对于具有关联关系的数据库表之间要设置外键，以提高数据关联检索的效率；

③ 对常用检索字段设置索引；

④ 对于表中的递增字段设置序列，实现字段值的自增且唯一；

⑤ 对复杂的查询操作，可以定义视图，简化用户对系统的使用；

⑥ 数据库建表时进行合理的表分区，合理利用表空间。

5.1.4.4 SQL 编写要求

数据库设计开发中，SQL 编写要求如下：

① 访问数据库表时，尽量避免全表扫描，提高检索效率；

② 在 select 语句中，避免使用 select * 的形式进行查询，应查询需要查询的列，提高数据查询效率；

③ 执行 SQL 语句时，尽量减少数据库的访问次数；

④ 执行数据删除操作时，SQL 语句尽量使用 TRUNCATE 替代DELETE，减少资源的调用，提升执行效率。但是由于 TRUNCATE 命令运行后，数据不能被恢复，对于关键删除操作，需要慎重使用；

⑤ 在含有子查询的 SQL 语句中，要特别注意减少对表的查询；

⑥ 当在 SQL 语句中连接多个表时，使用表的别名并把别名前缀于每个Column 上，这样可以减少解析的时间并减少那些由 Column 歧义引起的语法错误；

⑦ 对操作较频繁的字段创建索引，提高数据检索效率，同时需要注意定期更新索引；

⑧ 避免在 SQL 语句中使用降低查询效率的方法。

5.1.4.5 属性字段定义说明

（1）字段类型

数据库中根据存储内容的类型与要求，字段类型主要包括布尔型、时间型、字符型、整型、小数型、BLOB 型等类型，具体如表 5-1 所示。

表 5-1　字段类型对照表

序号	字段类型	长度范围
1	布尔型（boolean）	0，1
2	字节型（bytes）	$-2^{7}\sim(2^{7}-1)$
3	短整型（int16）	$-2^{15}\sim(2^{15}-1)$

（续）

序号	字段类型	长度范围
4	整型（int32）	-2^{31}～（$2^{31}-1$）
5	长整型（int64）	-2^{63}～（$2^{63}-1$）
6	小数型（decimal）	默认 Number（10，4）
7	单精度（single）	默认 Number（19，8）
8	双精度（double）	默认 Number（38，16）
9	字符型（string）	不超过 9999 个字符
10	BLOB 型	二进制数据，最大长度 4G
11	CLOB 型	字符数据，最大长度 4G
12	时间型（DATE）	—

（2）度量单位

数据库中相关字段度量单位要求如下：

① 数据量单位默认为 MB；

② 空间坐标信息以度（°）为单位，为经纬度坐标；

③ 数据分辨率一般以米（m）为单位。

（3）位置坐标

采用 CGCS2000 坐标系管理，数据库中根据数据自身的坐标系统和参考信息进行自定义，不同坐标参考基准的数据在进行数据展示时采用动态投影。

（4）约束/条件

数据库设计建表过程中，主要约束/条件如下：

① 对相应字段会有字段长度、精度的限制，首先存储字段值不能超过限定的长度与精度；

② 需要按照规定的数据类型存储对应类型的字段值；

③ 部分字段设置了枚举值，需要根据枚举值的范围，进行字段值的写入；

④ 对于空间数据，坐标值的范围规定如下：经度范围为－180°～180°，纬度范围为－90°～90°。

 5.2 数据库逻辑设计

5.2.1 数据库建设内容

综合数据库由遥感影像数据库、矢量产品数据库、文档资料数据库、服务数据

库、业务运行数据库共同构成，作为各数据的统一归口与出口。综合管理数据库建设内容如图 5-2 所示。

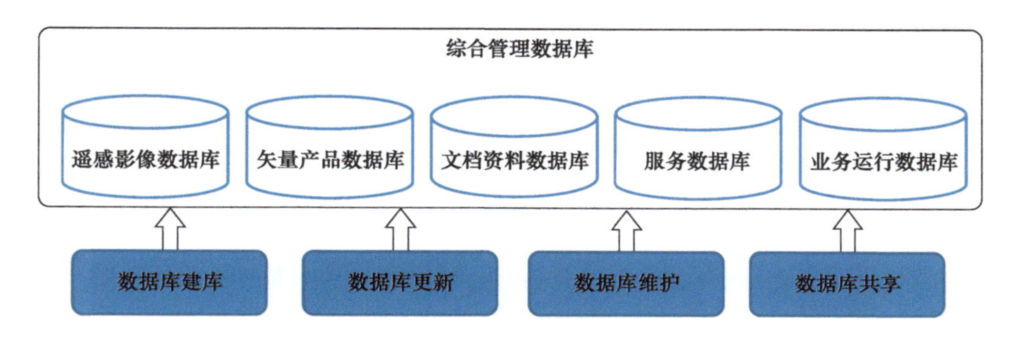

图 5-2　综合管理数据库建设内容

（1）遥感影像数据库

遥感影像数据库主要存储高分系列、资源系列、高景系列、北京系列等卫星的原始影像数据，以及快纠产品、镶嵌一张图、标准分幅产品等各级影像基础数据。

（2）矢量产品数据库

矢量产品数据库主要存储林草湿资源数据、自然保护地数据、林地保护利用规划数据、行政（经营）界线范围数据、国有林场边界数据、生态公益林数据、天然林数据、红树林数据、沙化监测数据、石漠化监测数据、古树名木数据、林业督查数据等林业基础类、专题类、综合类矢量数据。

（3）文档资料数据库

文档资料数据库主要存储林业行业涉及的巨量文档、表单、图片等资料性数据资源，例如珍贵动植物名录、图片，林业产业名单、统计表单，林业资源统计表格等。

（4）服务数据库

服务数据库主要存储管理在线影像服务数据、矢量瓦片服务数据、三维地形服务数据、倾斜摄影模型等各类服务数据。

（5）业务运行数据库

业务运行数据库主要存储并支撑各业务模块或系统运行的业务信息，包括数据入库管理日志信息、数据共享信息、平台管理信息、平台用户权限等。

5.2.2　存储模型设计

对于遥感影像数据、林业调查数据、基础支撑数据等各类数据资源，数据存储内容包含：数据属性信息和空间信息，数据关联的元数据文件、快视图或其他小文件，以及数据实体文件。

数据属性信息和空间信息主要用于进行数据的属性或空间检索，要求检索效率及检索精度高，且属性数据和空间范围均为结构化信息，因此采用关系数据库以矢量数据形态进行存储。

对于元数据文件、快视图及其他关联小文件，主要是用于浏览，一次检索可能需要浏览上千甚至上万条数据，因此要求高并发访问、高 I/O，且这些信息为半结构化数据，典型特征为“大量的小文件”，适合采用 NoSQL 数据库进行存储。

对于数据实体，以文件方式进行存储（图 5-3）。

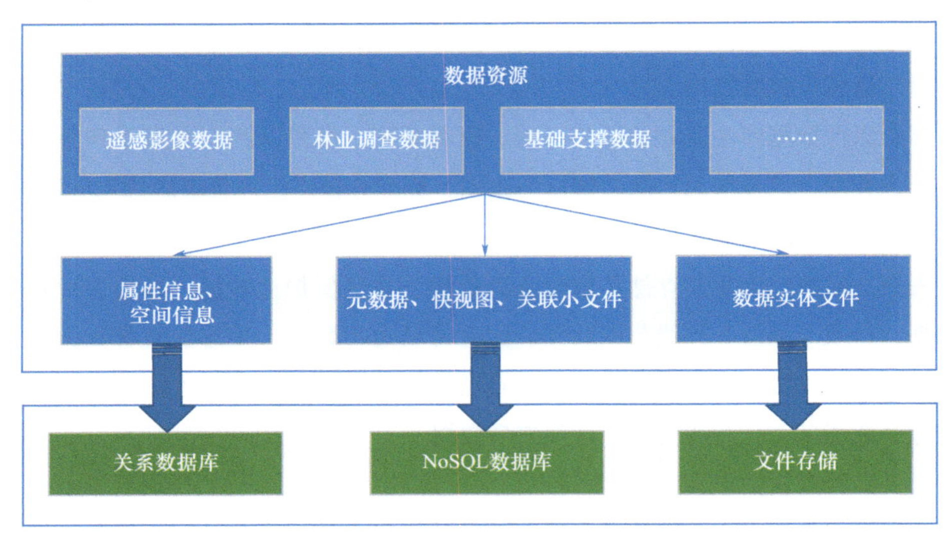

图 5-3　数据存储模型设计

5.2.3　管理模式设计

数据库采用大型空间数据库引擎、关系型数据库表、非空间数据库表和文件编目相结合的方式实现数据的管理，针对不同的数据类型和应用特点采用不同的管理模式。

① 结构化数据直接存储于关系型数据库中进行管理；

② 矢量空间数据采用空间数据库引擎 PostGIS 进行管理；

③ 大数据量的小型图像文件、高频率读取的瓦片数据采用 NoSQL 数据库进行管理；

④ 遥感影像数据、非结构化数据采用编目方式进行管理。

5.3 数据库物理设计

5.3.1 数据库存储架构设计

林业综合数据库存储架构采用关系型数据库 PostgreSQL、NoSQL 数据库 MongoDB、分布式存储的混合存储架构模式，存储管理各类数据资源（图 5-4）。

（1）共享文件存储

共享文件存储主要用于存储遥感原始影像数据、影像产品数据、林业各类矢量数据、基础地理数据等数据实体文件。

（2）分布式数据库存储

分布式数据存储包括分布式关系数据（空间数据库）和分布式 NoSQL 数据库两种方式。

① 分布式关系数据库：主要用于存储数据属性信息、空间范围、各类元数据和索引信息等，要求高的检索效率以保证数据查询检索效率。本研究采用 Postgresql-XL 集群模式，通过空间扩展组件存储空间数据。

② 分布式 NoSQL 数据库：主要存储快视图、XML 元数据文件、专题图、报告等数据，通过 NoSQL 数据库分布式部署以及其高并发、高 I/O 的特点保证高并发情况下的浏览效率。本研究采用 MongoDB 数据库。

（3）访问接口

对于数据的访问，通过标准访问接口实现，主要包括数据库访问接口、文件访问接口和服务访问接口。数据库访问采用 JDBC、ADO、OGDC 等接口组件实现；对于文件访问采用共享协议、分布式访问协议、FTP 协议等形式实现；对于数据服务通过 Rest 服务或者标准的 OGC WMS/WFS/WMTS/WPS 等接口实现。

（4）应用场景

针对数据查询浏览、数据服务发布、数据归档、数据提取导出、资源概览统计等不同的应用场景，提供不同的接口访问形式。

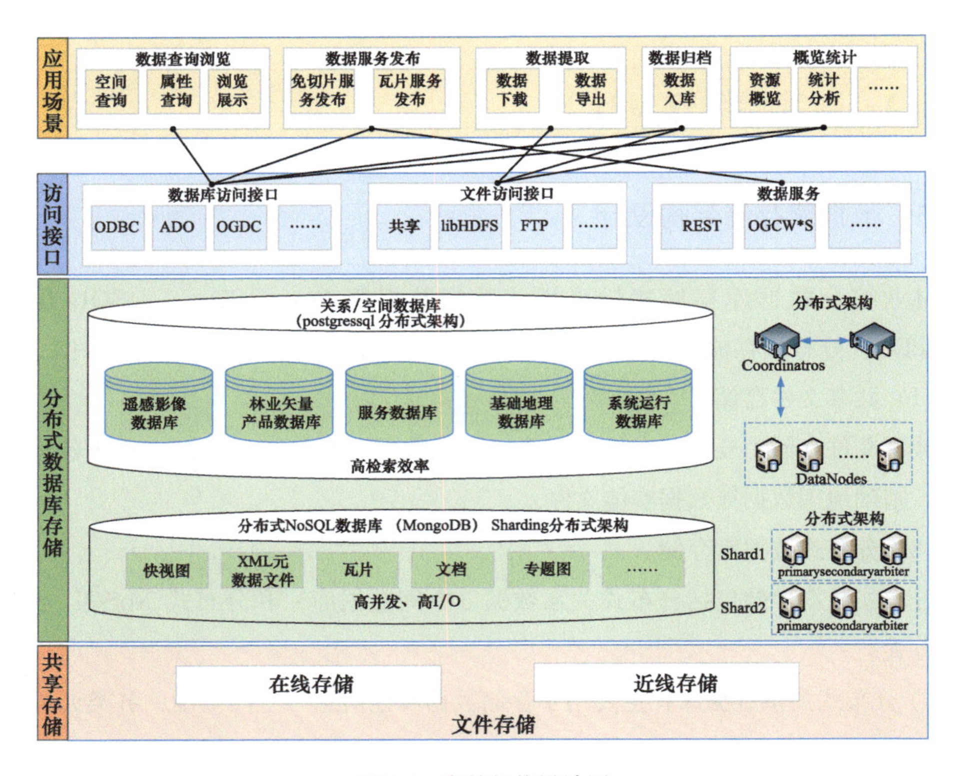

图 5-4　存储架构设计图

5.3.2　数据库部署设计

数据库的硬件环境主要分为 3 个，即数据库服务器、用户终端和公共存储设备，如图 5-5 所示。

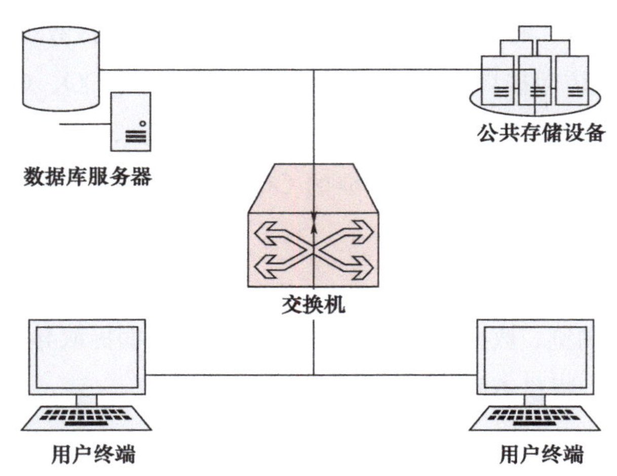

图 5-5　数据库物理部署图

其中，数据库服务器主要通过部署 PostgreSQL 数据库系统，对数据进行综合管理，并对外提供数据服务；公共存储设备是用来存储数据的设备，主要存放已有的实体数据、备份的数据库记录等，可采用 NAS 或 SAN 存储；用户终端主要是对部署数据集成管理子系统客户端，进行数据的交互管理及综合展示，以图形工作站为主，其配置如表 5-2 所示。

表 5-2 数据库部署服务器清单

计算设备	规格	软件配置
数据库服务器	2 台	Windows Server 2012 以上 PostgreSQL 服务器端 MongoDB 服务端
用户终端	若干	Windows7/Windows Sener 2012 以上等
公共存储设备	存储空间根据业务需要而定	万兆网络

5.3.3 数据建模业务库表

数据建模业务库表对入库数据进行数据模型创建与建库管理，快速进行数据资源的扩展管理，包括文件结构模型创建、数据模板创建、资料模型创建及数据集资源管理等（表 5-3～表 5-12）。

表 5-3 文件结构模型表（CFGMGR _ FILEDATUMMODEL）

字段英文名	字段中文名	数据类型	空/非空	（约束）说明
F _ ID	索引 ID	NUMBER	N	主键
F _ NAME	名称	NVARCHAR2（100）	N	—
F _ GROUP	分组	NVARCHAR2（100）	Y	—
F _ DESC	描述	NVARCHAR2（200）	Y	—
F _ FILEDATUM	文件结构	BLOB	Y	—
F _ BACKTRACK	是否回溯	BOOL	N	—

说明：该表存储数据资源的文件结构模型配置信息。

表 5-4 数据模板表（CFGMGR _ GEODBTEMPLATE）

字段英文名	字段中文名	数据类型	空/非空	（约束）说明
F _ ID	索引 ID	NUMBER	N	主键
F _ NAME	名称	NVARCHAR2（100）	N	—
F _ ALIAS	别名	NVARCHAR2（100）	Y	—
F _ DESC	描述	NVARCHAR2（200）	Y	—

（续）

字段英文名	字段中文名	数据类型	空/非空	（约束）说明
F_TYPE	模板类型	BLOB	Y	1：要素表 2：镶嵌数据集 3：要素类
F_DATASETS	模板内容	NUMBER	Y	—

说明：该表存储数据模板的配置信息，包括空间信息、元数据信息等。

表 5-5　资料模型表（CFGMGR_DATUMTYPEMODEL）

字段英文名	字段中文名	数据类型	空/非空	（约束）说明
F_ID	索引 ID	NUMBER	N	主键
F_GROUPID	分组 ID	NUMBER	Y	—
F_NAME	名称	NVARCHAR2（100）	N	—
F_DESC	描述	NVARCHAR2（200）	Y	—
F_FILEDATUMID	文件结构 ID	NVARCHAR2（50）	Y	—
F_GEODBTEMPID	数据模板 ID	NUMBER	Y	—

说明：该表存储资料模型的配置信息，包括关联的文件结构及数据模板信息等。

表 5-6　数据资源表（CFGMGR_DATUMTYPEMODEL）

字段英文名	字段中文名	数据类型	空/非空	（约束）说明
F_ID	索引 ID	NUMBER	N	主键
F_NAME	名称	NVARCHAR2（100）	Y	—
F_KEY	数据库 KEY	NVARCHAR2（100）	Y	—
F_ROOTTYPE	数据库类型	NUMBER	Y	—
F_DATATYPE	数据资源类型	NUMBER	Y	—
F_ATTRIBUTE	数据库属性	BLOB	Y	—
F_PARENTID	父节点 ID	NUMBER	N	—

说明：该表存储数据库资源信息，包括空间库、业务库等。

表 5-7　数据集资源表（CFGMGR_DATUMTYPEMODEL）

字段英文名	字段中文名	数据类型	空/非空	（约束）说明
F_ID	索引 ID	NUMBER	N	主键
F_PARENTID	父节点 ID	NUMBER	Y	—
F_CASCADEDID	级联 ID	NUMBER	Y	—
F_TEMPLATEID	数据模板 ID	NUMBER	Y	—
F_DATABASEKEY	数据库 KEY	NVARCHAR2（100）	Y	—

（续）

字段英文名	字段中文名	数据类型	空/非空	（约束）说明
F_NAME	数据集名称	NVARCHAR2（100）	Y	—
F_DATATYPE	数据库类型	NUMBER	Y	—
F_ALIAS	别名	NVARCHAR2（100）	Y	—
F_DESC	描述	NVARCHAR2（200）	Y	—
F_CREATETIME	创建时间	DATETIME	Y	—
F_ATTRIBUTE	数据集属性	BLOB	Y	—
F_GEODSTYPE	空间类型	NUMBER	N	—

说明：该表存储数据集资源的配置信息。

表 5-8　存储管理表（CFGMGR_FILESERVER）

字段名称	字段别名	字段类型	空/非空	约束/备注
F_ID	唯一标识	NUMBER	N	主键
F_SERVERTYPE	数据源类型	NUMBER	N	0：共享目录； 1：FTP；等等
F_NAME	名称	VARCHAR2（100）	N	—
F_PORT	端口号	VARCHAR2（10）	Y	—
F_ADDRESS	地址	VARCHAR2（1000）	N	—
F_ACCOUNT	登录用户	NVARCHAR2（100）	Y	—
F_PASSWORD	密码	NVARCHAR2（100）	Y	—
F_DESC	描述	VARCHAR2（200）	Y	—

说明：该表存储编目数据源信息，可扩展（共享目录、FTP、HDFS 及其他）。

表 5-9　字段管理——字段表（CFGMGR_METAFIELD）

字段英文名	字段中文名	数据类型	空/非空	（约束）说明
F_ID	字段 ID	NUMBER	N	主键
F_GROUPID	分组 ID	NUMBER	N	外键
F_NAME	字段名称	NVARCHAR2（100）	N	—
F_ALIAS	字段别名	NVARCHAR2（100）	Y	—
F_LENGTH	字段长度	NUMBER	N	—
F_TYPE	字段类型	NUMBER	N	—
F_DESC	描述信息	NVARCHAR2（200）	Y	—
F_DOMAIN	字段值域对象	BLOB	Y	—

说明：F_GROUPID 表示外键，关联 CFGMGR_METAFIELDGROUP 表的主键。

表 5-10　字段管理——字段组表（CFGMGR _ METAFIELDGROUP）

字段英文名	字段中文名	数据类型	空/非空	（约束）说明
F _ ID	分组 ID	NUMBER	N	主键
F _ PARENTID	父节点分组 ID	NUMBER	N	—
F _ NAME	名称	NVARCHAR2（100）	N	—
F _ DESC	描述	NVARCHAR2（1000）	Y	—
F _ ISFIXMETA	固有元字段组	BOOLEAN	N	—

说明：字段分组通过 PARENTID 进行多层嵌套。

表 5-11　值域管理——值域表（CFGMGR _ DATADICTGROUP）

字段英文名	字段中文名	数据类型	空/非空	（约束）说明
F _ GROUPID	值域 ID	NUMBER	N	主键
F _ CODE	编码	NVARCHAR2（100）	N	—
F _ NAME	名称	NVARCHAR2（100）	N	—
F _ DESC	描述	NVARCHAR2（200）	Y	—

表 5-12　值域管理——值表（CFGMGR _ DATADICTVALUE）

字段英文名	字段中文名	数据类型	空/非空	（约束）说明
F _ VALUEID	值 ID	NUMBER	N	主键
F _ CODE	编码	NVARCHAR2（100）	N	—
F _ NAME	名称	NVARCHAR2（100）	N	—
F _ DESC	描述	NVARCHAR2（1000）	Y	—
F _ GROUPID	值域 ID	NUMBER	N	外键

说明：暂不支持多层级的树形结构值信息。

5.3.4　入库管理业务库表

入库管理业务库表对数据入库管理过程中涉及的相关库表进行说明，主要包括数据入库方案配置、入库任务创建、数据路径记录管理等方面（表 5-13～表 5-17）。

表 5-13　数据入库方案表（ARCHIVE _ DATUMSCHEME）

字段英文名	字段中文名	数据类型	空/非空	（约束）说明
F _ ID	索引 ID	NUMBER	N	主键
F _ PARENTID	父节点 ID	NUMBER	N	—
F _ NAME	名称	NVARCHAR2（100）	N	—
F _ DESC	描述	NVARCHAR2（200）	Y	—
F _ DATASETID	数据集 ID	NUMBER	N	外键

（续）

字段英文名	字段中文名	数据类型	空/非空	（约束）说明
F _ DATAMAP	数据映射	BLOB	N	—
F _ LINKCONFIG	环节配置	BLOB	N	—

说明：该表存储数据节点对应的数据归档入库方案配置信息。

表 5-14 入库任务表（ARCHIVE _ TASK）

字段英文名	字段中文名	数据类型	空/非空	（约束）说明
F _ ID	任务 ID	NUMBER	N	主键
F _ NAME	任务名称	NVARCHAR2（100）	N	—
F _ DESC	描述信息	NVARCHAR2（200）	Y	—
F _ TYPE	任务类型	NUMBER	N	—
F _ SCHEMEID	方案 ID	NUMBER	N	—
F _ WORKDIR	工作目录	NVARCHAR2（1000）	N	—
F _ FILESERVERID	文件数据源 ID	NUMBER	N	外键
F _ AMOUNT	数据容量	DOUBLE	N	单位：MB
F _ USERID	用户 ID	NUMBER	N	外键
F _ MODE	归档模式	NUMBER	N	默认手动归档
F _ FLAG	任务标识	NUMBER	N	—
F _ STATE	任务状态	NUMBER	N	—
F _ CREATETIME	创建时间	TIMESTAMP	N	—
F _ BEGINTIME	启动时间	TIMESTAMP	Y	—
F _ ENDTIME	结束时间	TIMESTAMP	Y	—
F _ PROGRESS	进度信息	NUMBER	Y	—
F _ LOG	执行日志	BLOB	N	—

说明：该表记录创建的归档任务和入库日志信息。

表 5-15 任务数据表（ARCHIVE _ DATA）

字段英文名	字段中文名	数据类型	空/非空	（约束）说明
F _ ID	数据 ID	NUMBER	N	主键
F _ NAME	数据名称	NVARCHAR2（100）	N	—
F _ TASKID	任务 ID	NUMBER	N	外键
F _ AMOUNT	数据容量	DOUBLE	N	单位：MB
F _ FLAG	数据标识	NUMBER	N	—
F _ STATE	数据状态	NUMBER	N	—
F _ CREATETIME	创建时间	TIMESTAMP	N	—
F _ LOG	执行日志	BLOB	Y	—

（续）

字段英文名	字段中文名	数据类型	空/非空	（约束）说明
F _ VERSION	数据版本	NVARCHAR2（256）	Y	数据版本号
F _ BEGINTIME	启动时间	TIMESTAMP	Y	—
F _ ENDTIME	结束时间	TIMESTAMP	Y	—
F _ PATH	数据路径	NVARCHAR2（2000）	Y	—
F _ BASEDIR	上层目录路径	NVARCHAR2（500）	Y	—

说明：该表记录任务关联的单条数据的信息。

表 5-16　数据路径记录表（ARCHIVE _ DATATRACE）

字段英文名	字段中文名	数据类型	空/非空	（约束）说明
F _ ID	索引 ID	NUMBER	N	主键
F _ DATAID	任务数据 ID	NUMBER	N	外键
F _ TYPE	数据类型	NUMBER	N	—
F _ DATANAME	数据名称	VARCHAR2（100）	N	—
F _ TABLENAME	数据表名称	VARCHAR2（100）	N	—
F _ PARGUID	标识码	VARCHAR2（50）	Y	—
F _ GUID	唯一标识码	VARCHAR2（50）	N	—
F _ SAVECODE	存储路径编码	VARCHAR2（100）	N	—
F _ TRACER	归档踪迹对象	BLOB	N	—
F _ SAVETYPE	存储方式	NUMBER	Y	—

说明：该表记录任务数据归档入库后的踪迹信息，记录与数据存储模型的关联信息。

表 5-17　快视图文件表（ARCHIVE _ METAFILETRACE）

字段英文名	字段中文名	数据类型	空/非空	（约束）说明
F _ ID	索引 ID	NUMBER	N	主键
F _ DATAID	任务数据 ID	NUMBER	N	外键
F _ TABLENAME	元数据表名称	VARCHAR2（400）	Y	—
F _ ROWID	归档踪迹对象	NUMBER	Y	—
F _ TYPE	类型	NUMBER	Y	—
F _ FILEPATH	文件路径	VARCHAR2（400）	Y	—
F _ FILENAME	文件名称	VARCHAR2（400）	Y	—
F _ LEVEL	级别	NUMBER	Y	—
F _ METAFILE	文件	BLOB	Y	—
F _ SAVETYPE	存储方式	NUMBER	Y	

说明：该表记录任务数据归档入库后的快视图和拇指图文件实体及相关信息，记录与数据存储的关联信息。

5.3.5 数据分发业务库表

数据分发业务库表对数据分发过程中涉及数据申请订单相关库表进行说明，主要涉及申请订单信息以及每个订单关联的数据资源（表 5-18、表 5-19）。

表 5-18 订单表（TB _ DATA _ ORDER）

字段英文名	字段中文名	数据类型	空/非空	（约束）说明
ID	ID	VARCHAR（64）	N	主键
ORDER _ NUM	订单号	VARCHAR（64）	Y	—
ORDER _ NAME	订单名称	VARCHAR（64）	Y	—
CREATE _ TIME	创建时间	TIMESTAMP	Y	—
STATUS	订单状态	VARCHAR（64）	Y	—
HIS _ STATUS	订单历史状态	JSON	Y	—
NUM	数据数量	INT8	Y	—
GET _ METHOD	数据获取形式	VARCHAR（64）	Y	—
APPROVE _ USER _ ID	申请人 ID	VARCHAR（64）	Y	—
APPROVE _ USER _ NAME	申请人姓名	VARCHAR（64）	Y	—
APPROVE _ ORG _ ID	申请单位 ID	VARCHAR（64）	Y	—
APPROVE _ ORG _ NAME	申请单位名称	VARCHAR（64）	Y	—
APPLY _ AREA	应用领域	VARCHAR（64）	Y	—
DATA _ USE _ CASE	数据用途	VARCHAR（64）	Y	—
START _ EFT _ TIME	有效时间开始日期	TIMESTAMP	Y	—
END _ EFT _ TIME	有效时间截止日期	TIMESTAMP	Y	—
CHECK _ USER _ ID	审批人 ID	VARCHAR（64）	Y	—
CHECK _ USER _ NAME	审批人姓名	VARCHAR（64）	Y	—
CHECK _ TIME	审批时间	TIMESTAMP	Y	—
CHECK _ IDEA	审批意见	TEXT	Y	—
CHECK _ STATUS	审批状态	VARCHAR（255）	Y	—
LOGIC	逻辑删除标识	INT2	Y	−1：已删除 0：正常使用
DATA _ SOURCE	数据类型	VARCHAR（255）	Y	—

说明：该表记录数据订单信息；ID 表示订单 ID，与订单数据表中的 ORDER _ ID 关联。

表 5-19 订单数据表（TB _ DATA _ ITEM）

字段英文名	字段中文名	数据类型	空/非空	（约束）说明
ID	ID	VARCHAR（64）	N	主键
ORDER _ ID	订单 ID	VARCHARr（64）	Y	—

（续）

字段英文名	字段中文名	数据类型	空/非空	（约束）说明
DATA_ID	数据 ID	VARCHAR（64）	Y	—
DATA_SOURCE	数据类型	VARCHAR（64）	Y	—
STATUS	状态	VARCHAR（64）	Y	—
NUM	数量	INT8	Y	—
USER_ID	用户 ID	VARCHAR（64）	Y	—
USER_NAME	用户姓名	VARCHAR（64）	Y	—
CREATE_TIME	创建时间	TIMESTAMP	Y	—
UPDATE_TIME	更新时间	TIMESTAMP	Y	—
DETAIL	数据详情	JSON	Y	—
THUMBNAIL	拇指图	BYTEA	Y	—
GEOM	空间范围	（Type）	Y	—
DATA_SIZE	数据大小（kb）	FLOAT8	Y	—
ORG_ID	单位 ID	VARCHAR（64）	Y	—
ORG_NAME	单位名称	VARCHAR（255）	Y	—
SATELLITE	卫星名称	VARCHAR（255）	Y	—
LOGIC	逻辑删除标识	INT2	Y	−1：已删除 0：正常使用

说明：该表中的数据为用户添加到购物车中的数据，若 ORDER_ID 不为空，则为订单数据；ORDER_ID 表示订单 ID，与订单表中的 ID 关联。

5.3.6 服务发布业务库表

服务发布业务库表对栅格瓦片服务发布、矢量瓦片服务发布相关库表进行说明，主要包括数据源信息、切片信息、数据服务等内容。

（1）栅格瓦片服务发布相关库表（表 5-20～表 5-22）

表 5-20　栅格瓦片数据源注册表（TBIME_SERVICE）

字段英文名	字段中文名	数据类型	空/非空	（约束）说明
F_ID	主键序号	VARCHAR（50）	N	主键
F_TYPE	数据源链接类型	INT4	Y	—
F_CATE	创建顺序	INT4	Y	—
F_NAME	名称	VARCHAR（256）	Y	—
F_DESCRIPTION	描述	VARCHAR（1000）	Y	—
F_STATUS	状态	INT4	Y	—
F_CREATETIME	创建时间	TIMESTAMP	Y	—
F_CONNECTIONPARAMS	链接参数	VARCHAR（1000）	Y	—
F_USER	链接账户	VARCHAR（256）	Y	—
F_PWD	链接密码	VARCHAR（256）	Y	—

说明：该表记录数据源配置信息。

表 5-21　栅格瓦片数据服务表（TBIME _ SERVICE）

字段英文名	字段中文名	数据类型	空/非空	（约束）说明
F _ ID	主键序号	VARCHAR（50）	N	主键
F _ NAME	服务名称	VARCHAR（256）	Y	—
F _ ALIAS	服务别名	VARCHAR（256）	Y	—
F _ TYPE	服务类型	INT4	Y	—
F _ STATUS	服务状态	INT4	Y	—
F _ CREATETIME	服务创建时间	TIMESTAMP	Y	—
F _ DESCRIPTION	描述信息	VARCHAR（1000）	Y	—
F _ THUMBNAIL	服务拇指图	BYTEA	Y	—
F _ DATASOURCENAME	数据源名称	VARCHAR（256）	Y	—

说明：该表记录数据资源服务信息。

表 5-22　栅格服务与数据源关联表（TBIME _ SERVICE _ TILE）

字段英文名	字段中文名	数据类型	空/非空	（约束）说明
F _ ID	服务 ID	VARCHAR（50）	N	主键
F _ DATASOURCE	数据源 ID	VARCHAR（512）	Y	—
F _ DATASET	数据集名称	VARCHAR（256）	Y	—
F _ TILETYPE	切片类型	VARCHAR（256）	Y	—

说明：该表记录数据资源服务关联信息。

（2）矢量瓦片服务发布相关库表（表 5-23～表 5-26）

表 5-23　矢量数据源注册表（TB _ DATA _ SERVICE）

字段英文名	字段中文名	数据类型	空/非空	（约束）说明
F _ ID	序号	VARCHAR（50）	N	主键
F _ NAME	服务名称	VARCHAR（255）	Y	—
F _ GRID _ ID	金字塔 ID	VARCHAR（50）	Y	—
F _ GRIDUNIT	格网单位	VARCHAR（50）	Y	—
F _ VERSION	版本号	VARCHAR（50）	Y	
F _ DESCRIPTION	描述	VARCHAR（255）	Y	
F _ DEFAULTSTYLE	默认样式	VARCHAR（50）	Y	
F _ INFO	服务详情信息	JSONB	Y	
F _ STATUS	服务状态	INT4	Y	
F _ HASLABEL	是否包含注记	BOOL	Y	
F _ CREATETIME	创建时间	TIMESTAMP	Y	
F _ ALIAS	服务别名	VARCHAR（255）	Y	

（续）

字段英文名	字段中文名	数据类型	空/非空	（约束）说明
F_SRID	坐标系	INT4	Y	
F_DATA_SERVICE_IDS	数据服务 IDS 数组	VARCHAR（255）	Y	
F_LAYER_TREE	图层数	JSONB	Y	
F_BUILDING_XML	切片方案	TEXT	Y	
F_USERID	用户 ID	VARCHAR（50）	Y	
F_RENDER_INFO	渲染位置信息	JSONB	Y	
F_TASK_ID	任务 ID	VARCHAR（50）	Y	

说明：该表记录数据源配置信息。

表 5-24　矢量瓦片切片信息表（TB_CUT_INFO）

字段英文名	字段中文名	数据类型	空/非空	（约束）说明
F_ID	主键序号	VARCHAR（255）	N	主键
F_SERVICE_ID	服务 ID	VARCHAR（255）	Y	—
F_TYPE	切片类型	INT2	Y	—
F_STATUS	切片任务状态	INT2	Y	—
F_STORAGE_INFO	切片存储信息	JSONB	Y	—

说明：该表记录矢量瓦片的切片信息。

表 5-25　矢量服务样式表（TB_STYLE）

字段英文名	字段中文名	数据类型	空/非空	（约束）说明
F_ID	主键序号	VARCHAR（50）	N	主键
F_STYLE_ID	样式 ID	VARCHAR（100）	Y	—
F_NAME	样式名称	VARCHAR（255）	Y	—
F_VERSION	版本	VARCHAR（50）	Y	—
F_DESCRIPTION	描述	VARCHAR（500）	Y	—
F_BELONG_SERVICE	所属服务	VARCHAR（50）	Y	—
F_STYLECONTENT	样式内容	BYTEA	Y	—
F_TEXTURES	纹理 ID	TEXT	Y	—
F_CREATETIME	创建时间	TIMESTAMP	Y	—
F_UPDATETIME	修改时间	TIMESTAMP	Y	—
F_STATUS	数据源状态	INT4	Y	—
F_ZOOM	缩放等级	INT2	Y	—
F_CENTER	地图中心点	VARCHAR（255）	Y	—
F_THUMB	拇指图	TEXT	Y	—

（续）

字段英文名	字段中文名	数据类型	空/非空	（约束）说明
F_DELETE	数据源是否被所有者删除	INT2	Y	—
F_USERID	用户名	VARCHAR（50）	Y	—
F_IS_PUBLIC	是否公开	INT2	Y	—

说明：该表记录矢量瓦片服务的样式配置信息。

表 5-26　矢量瓦片服务表（TB_VECTOR_SERVICE）

字段英文名	字段中文名	数据类型	空/非空	（约束）说明
F_ID	主键序号	VARCHAR（50）	N	主键
F_NAME	服务名称	VARCHAR（255）	Y	—
F_GRID_ID	金字塔 ID	VARCHAR（50）	Y	—
F_GRIDUNIT	格网单位	VARCHAR（50）	Y	—
F_VERSION	版本号	VARCHAR（50）	Y	—
F_DESCRIPTION	描述	VARCHAR（255）	Y	—
F_DEFAULTSTYLE	样式 ID	VARCHAR（50）	Y	—
F_INFO	服务详情信息	JSONB	Y	—
F_STATUS	服务状态	INT4	Y	—
F_HASLABEL	是否包含注记	BOOL	Y	—
F_CREATETIME	创建时间	TIMESTAMP	Y	—
F_ALIAS	服务别名	VARCHAR（255）	Y	—
F_SRID	坐标系	INT4	Y	—
F_DATA_SERVICE_IDS	数据服务 IDS 数组	VARCHAR（255）	Y	—
F_LAYER_TREE	图层数	JSONB	Y	—
F_BUILDING_XML	切片方案	TEXT	Y	—
F_USERID	用户 ID	VARCHAR（50）	Y	—
F_RENDER_INFO	渲染位置信息	JSONB	Y	
F_TASK_ID	任务 ID	VARCHAR（50）	Y	

说明：该表记录矢量瓦片服务信息。

5.3.7　数据展示业务库表

数据展示业务库表对数据服务展示的配置管理相关库表进行说明，主要包括数据服务注册、展示目录配置、字典映射信息等内容（表 5-27～表 5-33）。

表 5-27 数据服务注册表（RSDS _ DATA _ RESOURCE）

字段英文名	字段中文名	数据类型	空/非空	（约束）说明
ID	主键序号	INT8	N	主键
CREATE _ TIME	创建时间	TIMESTAMP	Y	—
UPDATE _ TIME	更新时间	TIMESTAMP	Y	—
DESCRIPTION	描述	VARCHAR（255）	Y	—
LAYER _ NAME	服务图层名称	VARCHAR（255）	Y	—
NAME	服务名称	VARCHAR（255）	Y	—
SEQUENCE _ NUMBER	顺序编号	INT4	Y	—
SUPPORTED _ CRS	坐标参考	VARCHAR（255）	Y	—
TIME _ PHASE	时相	VARCHAR（255）	Y	—
TYPE	服务类型	INT4	Y	—
URL	服务地址	VARCHAR（255）	Y	—
X _ MAX	数据范围最大 x 坐标	VARCHAR（255）	Y	—
X _ MIN	数据范围最小 x 坐标	VARCHAR（255）	Y	—
Y _ MAX	数据范围最大 y 坐标	VARCHAR（255）	Y	—
Y _ MIN	数据范围最小 y 坐标	VARCHAR（255）	Y	—

说明：该表记录数据服务注册信息。

表 5-28 数据目录表（RSDS _ CATALOGNODE）

字段英文名	字段中文名	数据类型	空/非空	（约束）说明
ID	主键序号	INT8	N	主键
CREATE _ TIME	创建时间	TIMESTAMP	Y	—
UPDATE _ TIME	更新时间	TIMESTAMP	Y	—
DESCRIPTION	描述	VARCHAR（255）	Y	—
DISPLAY _ RESOURCE _ ID	展示服务 ID	INT8	Y	—
NODE _ NAME	节点名称	VARCHAR（255）	Y	—
NODE _ TYPE	节点类型	INT4	Y	—
PID	父节点	INT8	Y	—
QUERY _ RESOURCE _ ID	查询服务 ID	INT8	Y	—
SEQUENCE _ NUMBER	顺序编号	INT4	Y	—
VISIBLE	是否可见	BOOL	Y	—
CONNECT _ DB _ ID	数据库资源 ID	INT8	Y	—
CONNECT _ TABLE _ ID	数据库表 ID	INT8	Y	—
BUSINESS _ TYPE	节点类型	INT4	Y	—
LAYER _ TYPE _ ID	图层类型 ID	INT8	Y	—

说明：该表记录数据目录节点基础信息，包含关联的服务信息、数据库表信息等。

表 5-29　数据字典目录表（RSDS _ DICTIONARY）

字段英文名	字段中文名	数据类型	空/非空	（约束）说明
ID	主键序号	INT8	N	主键
CREATE _ TIME	创建时间	TIMESTAMP	Y	—
UPDATE _ TIME	更新时间	TIMESTAMP	Y	—
DESCRIPTION	描述	VARCHAR（255）	Y	—
DICT _ TYPE	字典类型	INT4	Y	0：属性别名字典 1：属性值字典
KEY	字典项	VARCHAR（255）	Y	—
NAME	字典名称	VARCHAR（255）	Y	—
PID	父节点	INT8	Y	—
TYPE	节点类型	INT4	Y	0：字典目录节点 1：字典节点
STATUS	状态	INT4	Y	——

说明：该表记录数据字典目录节点基础信息。

表 5-30　数据字典值表（RSDS _ DICTIONARY _ VALUE）

字段英文名	字段中文名	数据类型	空/非空	（约束）说明
ID	主键序号	INT8	N	主键
CODE	字典编码	VARCHAR（255）	Y	—
NAME	视图显示值	VARCHAR（255）	Y	—
SEQUENCE _ NUMBER	顺序编号	INT4	Y	—
SUPPORT _ DISPLAY	是否展示	BOOL	Y	true：自动展示 false：不展示
SUPPORT _ QUERY	默认展示字段	BOOL	Y	true：默认展示 false：默认不展示
SUPPORT _ STATISTIC	是否统计指标	BOOL	Y	true：是统计指标 false：不是统计指标
DICTIONARY _ ID	字典节点 ID	INT8	Y	—
DATA _ TYPE	数据类型	INT4	Y	—

说明：该表记录数据字典值的配置信息，通过 DICTIONARY _ ID 与字典节点相关联。

表 5-31　属性别名字典——数据目录关联表（RSDS _ ALIAS _ CATALOG _ DICTIONARY）

字段英文名	字段中文名	数据类型	空/非空	（约束）说明
ALIAS _ DICTIONARY _ ID	属性别名字典 ID	INT8	N	主键
CATALOG _ NODE _ ID	目录节点 ID	INT8	N	主键

说明：该表记录属性别名字典与数据目录节点的关联信息。

表 5-32 属性值字典——数据目录关联表（RSDS_VALUE_CATALOG_DICTIONARY）

字段英文名	字段中文名	数据类型	空/非空	（约束）说明
VALUE_DICTIONARY_ID	属性值字典 ID	INT8	N	主键
CATALOG_NODE_ID	目录节点 ID	INT8	N	主键

说明：该表记录属性值字典与数据目录节点的关联信息。

表 5-33 资源概览统计表（RSDS_DICTIONARY_VALUE）

字段英文名	字段中文名	数据类型	空/非空	（约束）说明
F_ID	索引 ID	LNT4	N	主键
F_SCHEMETABLEID	统计方案 ID	LNT4	Y	—
F_GUID	唯一 ID	VARCHAR（25）	Y	—
YEAR	资源年份	VARCHAR（25）	Y	—
XZQDM	行政区代码	VARCHAR（50）	Y	—
LOCATION	展示位置	VARCHAR（50）	Y	—
DATA_TYPE	数据类型	VARCHAR（50）	Y	—
MODULE	展示模块	VARCHAR（50）	Y	—
STATISTICS_ITEM	一级统计指标	VARCHAR（50）	Y	—
SECOND_ITEM	二级统计指标	VARCHAR（50）	Y	—
VALUE	统计值	VARCHAR（50）	Y	—
DATA_UNIT	统计单位	VARCHAR（50）	Y	—

说明：该表记录资源概览展示的数据资源统计指标值。

5.3.8 用户权限业务库表

用户权限业务库表对用户信息和权限信息相关库表进行说明，主要包括用户信息表、角色表、关联表等内容（表 5-34～表 5-39）。

表 5-34 用户信息表（TB_USER）

字段英文名	字段中文名	数据类型	空/非空	（约束）说明
ID	主键	VARCHAR（64）	N	主键
NAME	用户姓名	VARCHAR（30）	N	—
PASSWORD	密码	VARCHAR（64）	N	—
PHONE	手机号	VARCHAR（11）	Y	—
STATE	状态	BOOL	Y	—
CREATE_TIME	创建时间	TIMESTAMP	Y	—
UPDATE_TIME	更新时间	TIMESTAMP	Y	—
OPERATOR	操作人员	VARCHAR（64）	Y	—

（续）

字段英文名	字段中文名	数据类型	空/非空	（约束）说明
DESCRIPTION	用户描述	VARCHAR（32）	Y	—
USER _ NAME	用户姓名	VARCHAR（30）	Y	—
EMAIL	邮箱	VARCHAR（255）	Y	—
USER _ TYPE	用户类型	VARCHAR（2）	Y	0：个人用户 1：企业用户
CHECK _ USER _ ID	审批人 ID	VARCHAR（64）	Y	—
CHECK _ USER _ NAME	审批人姓名	VARCHAR（64）	Y	—
CHECK _ TIME	审批时间	TIMESTAMP	Y	—
CHECK _ STATUS	审批状态	VARCHAR（2）	Y	0：待审批 1：审批通过 2：审批不通过
CHECK _ IDEA	审批意见	TEXT	Y	—
EMAIL _ STATUS	邮箱验证状态	BOOL	Y	true/false
USE _ CASE	使用场景	VARCHAR（64）	Y	website 网站 app
CHECK _ DEL _ FLAG	删除标识	VARCHAR（2）	Y	—
DEL _ BAK _ INFO	删除备注信息	JSON	Y	—
UPDATE _ ORG _ FLAG	更新标识	BOOL	Y	—
CITY	用户区域信息	TEXT	Y	—
DISTRICT _ CODE	区域代码	JSON	Y	—

说明：该表记录系统用户的基本信息。

表 5-35　用户角色表（TB _ ROLE）

字段英文名	字段中文名	数据类型	空/非空	（约束）说明
ID	主键	VARCHAR（64）	N	主键
NAME	角色名称	VARCHAR（30）	Y	—
DESCRIPTION	角色描述	TEXT	Y	—
OPERATOR	操作人员	VARCHAR（64）	Y	—
CREATE _ TIME	创建时间	TIMESTAMP	Y	—
UPDATE _ TIME	更新时间	TIMESTAMP	Y	—
STATE	状态	BOOL	Y	—
BUTTON _ CONFIG	记录角色能看到的按钮 ID 数组	JSON	Y	—

说明：该表记录系统用户角色的基本信息。

表 5-36　用户—角色关联表（TB _ USER _ ROLE）

字段英文名	字段中文名	数据类型	空/非空	（约束）说明
USER _ ID	用户 ID	VARCHAR（64）	N	主键
ROLE _ ID	角色 ID	VARCHAR（64）	N	主键

说明：该表记录用户与角色的关联信息。

表 5-37　功能菜单表（TB _ MENU）

字段英文名	字段中文名	数据类型	空/非空	（约束）说明
ID	主键编号	VARCHAR（64）	N	主键
NAME	菜单名称	VARCHAR（30）	Y	—
URI	菜单 URI	VARCHAR（64）	Y	—
PID	父菜单 ID	VARCHAR（64）	Y	—
ORDER _ NUM	显示顺序	INT2	Y	—
TYPE	菜单类型	INT2	Y	菜单：0 按钮：1
PERMS	权限标识	VARCHAR（64）	Y	—
STATE	菜单状态	BOOL	Y	显示：true 隐藏：false
OPERATOR	操作人员	VARCHAR（64）	Y	—
CREATE _ TIME	创建时间	TIMESTAMP	Y	—
UPDATE _ TIME	更新时间	TIMESTAMP	Y	—
DESCRIPTION	角色描述	VARCHAR（32）	Y	—
ICON	菜单图标	VARCHAR（50）	Y	—
IS _ SHOW	用于标识菜单 是否进行展示	BOOL	Y	—
USE _ CASE	使用场景	VARCHAR（255）	Y	website 网站 app

说明：该表记录系统功能菜单信息。

表 5-38　角色—功能菜单关联表（TB _ ROLE _ MENU）

字段英文名	字段中文名	数据类型	空/非空	（约束）说明
ROLE _ ID	角色 ID	VARCHAR（64）	N	主键
MENU _ ID	菜单 ID	VARCHAR（64）	N	主键

说明：该表记录角色与功能菜单的关联信息。

表 5-39 角色—数据权限表（RSDS _ ROLE _ DATA _ PERMISSION）

字段英文名	字段中文名	数据类型	空/非空	（约束）说明
ID	主键序号	INT8	N	主键
CREATE _ TIME	创建时间	TIMESTAMP	Y	—
ROLE _ ID	角色 ID	VARCHAR（255）	Y	—
CATALOG _ ID	目录 ID	INT8	Y	—

说明：该表记录数据节点与角色的关联信息。

5.4 数据库调优设计

5.4.1 数据库读写分离

数据库对数据归档、数据检索、统计业务、数据提取等需求的操作各不相同，数据归档需要频繁写入数据，而数据检索、统计、提取需要频繁读取数据，因此数据库采用读写分离架构，将数据归档和数据检索提取接入到不同的数据库，两个数据库之间通过数据库同步技术实现数据的同步，保证数据的一致性。

通过读写分离，减少写入操作对数据库的影响，减少数据库表的锁定时间以及对数据库事务的占用，提高检索响应效率和数据读取效率。

对于两个数据库之间的数据同步，可以通过以下两种方式实现。

（1）流复制

流复制主要是利用数据库的归档日志进行增量备份来实现的，不仅可以通过配置单独复制某些表，还可以通过配置单独复制某些表上的数据定义语言（data definition language，DDL）或数据操纵语言（data manipulation language，DML）。可以复制到表、用户、数据库级别。

（2）高级复制

高级复制主要是基于触发器的原理来触发数据同步的。因此，高级复制无法实现用户数据库级别的对象复制，只能做些表、索引和存储过程的复制。

5.4.2 数据物理存储优化

（1）在线存储 RAID 方式

在线存储采用 RAID 0+1/0+1 方式，是 RAID 0 和 RAID 1 的组合，通过将 RAID 0 分块的速度和 RAID 1 镜像的冗余进行组合，可以提供很高的访问性能与冗余安全。

（2）近线存储 RAID 方式

近线存储采用 RAID 5 方式，提供较高的磁盘空间利用率，同时保证一定的冗余安全。

（3）多控制器磁盘阵列

采用多控制器磁盘阵列，每层的控制器成对配置，提供全冗余特性，实现无单点故障。

（4）直联矩阵结构

采用基于直联矩阵结构的多控制器系统，在继承低延迟特性的基础上，可以进一步提升内部总线的带宽。

（5）均衡磁盘 I/O

根据不同数据的存储与使用特点，合理分配存储空间位置，以提高利用率与并发访问性能。

5.4.3 数据库服务器优化

（1）数据库集群

采用 PostgreSQL、MongoDB 数据库集群来构建分布式、冗余的数据存储模式，支持负载平衡的数据库管理系统集群，即使部分节点出现故障，数据库仍能够正常运行，集群可以提供高可靠、高可用、高性能的数据库访问服务。

（2）高速缓存

对于一些频繁使用的数据，如字典数据、通用的背景空间数据等，可以将该数据一次性读入数据库高速缓存池中。缓存池可以确保指定的数据永久驻留在内存高速缓存中，从而使数据的访问直接在内存中进行，省去读盘的操作，极大地提高数据访问的响应速度。

（3）数据块

数据库的数据文件采用 32KB 的数据块大小，可以获得最佳的空间数据存储效率与访问性能。

（4）并行处理

利用数据库的并行处理能力，实现数据的查询、插入、修改、删除等 DML 操作。并行处理可以有效利用服务器的 CPU 资源，通过多 CPU 并行处理来提高数据访问的性能与响应速度。

（5）裸设备

采用裸设备作为数据库的数据存储方式，数据直接从 Disk 到数据库进行传输，避免了经过操作系统这一层，所以使用裸设备对于读写频繁的数据库应用来说，可以极大地提高数据库系统的性能。

5.4.4 数据库性能优化

（1）空间索引

用于快速的空间数据检索与分析时，空间索引可以从格网大小与索引级别两个角度去优化，应根据具体的数据设计适应的空间索引格网大小与索引级别。

（2）压缩

根据不同数据的特点，采用合适的数据压缩方法与压缩比例，提高数据的存储效率，减少传输带宽。特别是影像数据，可以根据数据的应用需要，采用有损或者无损压缩算法。

（3）数据精确性

空间数据采用统一的空间坐标参考，空间坐标数据存储支持使用双精度类型；属性数据则保持与原始数据精度的一致性，杜绝数据损失，从而保证数据加载、计算、制图等应用方面对精度的需求。

（4）影像金字塔

数据库采用影像金字塔技术，建立多分辨率影像，可以在不同的比例尺下快速进行影像数据的浏览与访问。

（5）物化视图

数据库采用物化视图技术，即数据库快照，它是存储了查询结果的数据库视图。物化视图通过将耗时大量的数据库检索、计算操作的结果预存起来，应用程序可直接使用这些存储的结果，极大地提升了应用程序的性能。同时利用物化视图的刷新功能，数据基表中数据改变时可及时更新物化视图的数据。

（6）分区

数据库采用数据分区（partitioning）技术将大表和索引分成可以管理的小块，从而避免了对每个大表只能作为一个单独的对象进行管理的情况。数据分区是一种“分而置之”的技术，它为海量数据的管理提供了可伸缩的性能。对大表进行数据分区，能够产生明显的性能上的效果，并可以对数据故障进行有效隔离。数据的分区可以为系统带来性能、可用性、可管理性上的提高。

（7）表空间

对各类数据的数据库表空间进行规划，如将数据与索引表空间分开、矢量与影像表空间分开等。关键数据文件可以放在不同磁盘控制器控制的磁盘上等，以提高数据访问的性能。

（8）字段索引

根据不同数据存储与应用需求特点，设计合理的数据字段索引。

（9）软件监控与优化

采用数据库系统平台提供的调优工具及第三方数据库性能监控与优化工具对数据库进行性能优化。同时在信息库管理系统中开发相应性能的调优构件，对数据库性能进行优化。

 5.5 数据库安全设计

由于系统管理数据的多样性和多层次性，考虑到用户数据权限、数据保密性等问题，需要对数据安全性进行特殊处理，依据软硬件支撑平台设计和数据物理存储设计，对数据库进行安全设置。

（1）访问安全控制

针对各类用户业务特点的不同和数据使用范围的不同，同时兼顾数据资源的共享和数据资源的安全特点，对用户进行设计分类，不同的用户确定不同的数据使用范围和权限。

（2）存储安全设计

不同密级的数据存储部署在不同的存储设备上，在实际应用中把数据库管理分系统在不同密级的网络上、不同密级的存储设备上分别部署，实现保密数据的物理隔离，确保数据安全。

（3）数据库备份与恢复

制定数据库备份计划，采用数据库已有的备份和恢复技术、机制，实现数据的定期全备份、增量备份等备份管理。数据备份介质应标明备份及保存要素，防止存储介质标签中的关键信息被修改。将备份数据库的介质存放到一个安全环境中，使备份的数据具有准确性和可靠性。

第6章

系统应用实践

“见之不若知之，知之不若行之”。林业数据管理与发布系统研究的目标是通过实践建立起一套适合林业应用需求的系统，为林业各项业务提供服务。本章以广东林业相关数据资源为例，开展数据资源管理、服务发布、数据展示、统计汇总、辅助决策、配置管理等系统业务板块的应用实践，体现系统在林业数据管理、展示、分析、应用等方面的服务成效。

6.1 数据管理实践

林业数据管理发布系统应用基于C/S端数据入库管理系统，实现矢量数据、报表数据、栅格数据的快捷化、标准化入库管理，建立林业一体化数据资源库；应用基于B/S端数据管理与展示系统，实现数据资源的综合概览，以库为基，构建可视化资源概览服务，直观掌握数据资产情况。

6.1.1 资源入库管理

（1）矢量入库

矢量入库采用通用矢量入库方式（图6-1），无须提前创建数据模型和库表，根据矢量数据自动创建库表，将对应数据导入库表中（图6-2）。

（2）报表入库

报表入库采用通用报表入库方案（图6-3），将历年的统计报表导入数据库中。

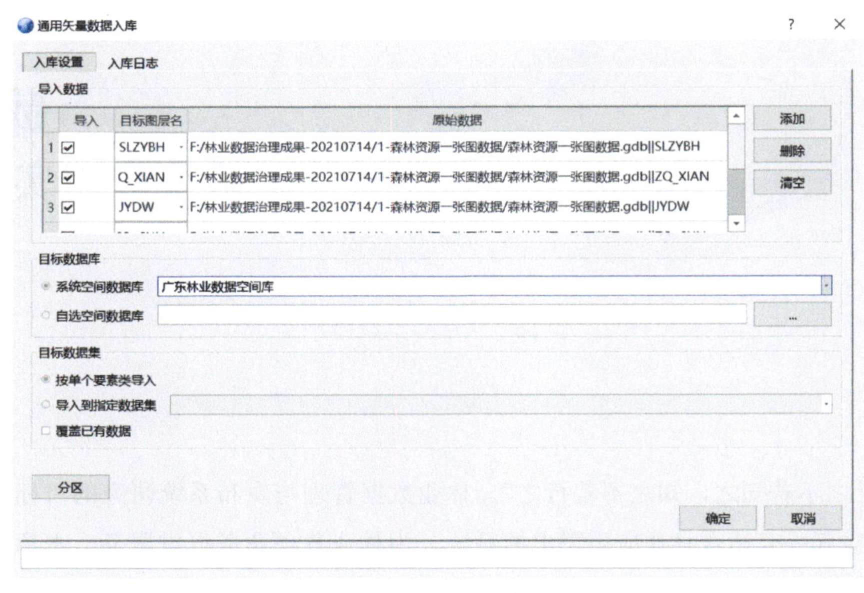

图 6-1　通用矢量数据入库

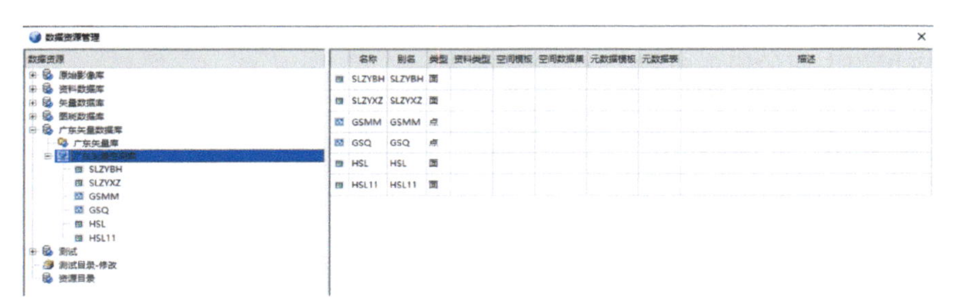

图 6-2　数据资源管理

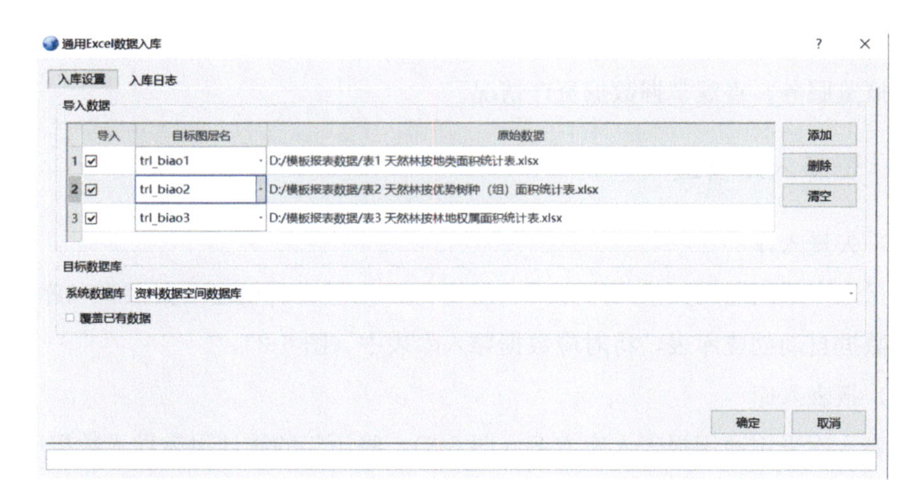

图 6-3　通用报表数据入库

（3）栅格入库

栅格入库根据影像数据文件组织结构，创建文件结构模型；根据影像空间信息、属性信息，创建镶嵌数据集模板；由文件结构模型和数据模板组合构建镶嵌数据集模型（图 6-4～图 6-6）。

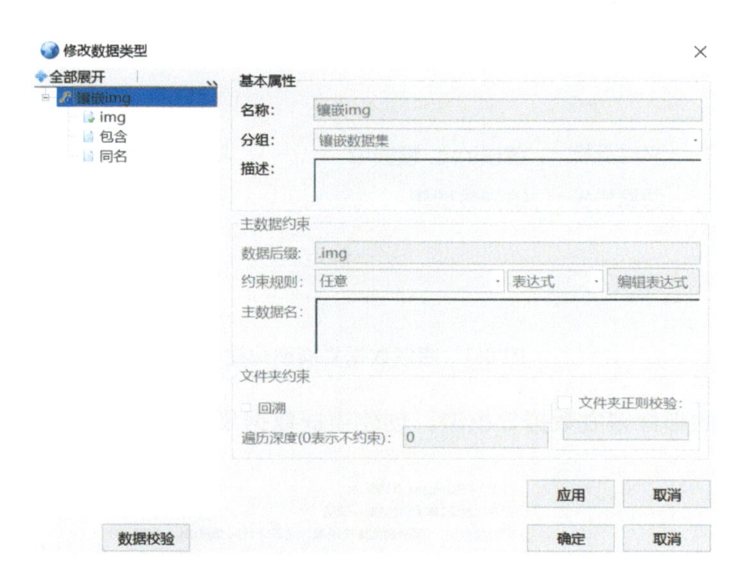

图 6-4　影像文件组织结构建模

图 6-5　构建镶嵌数据集模板

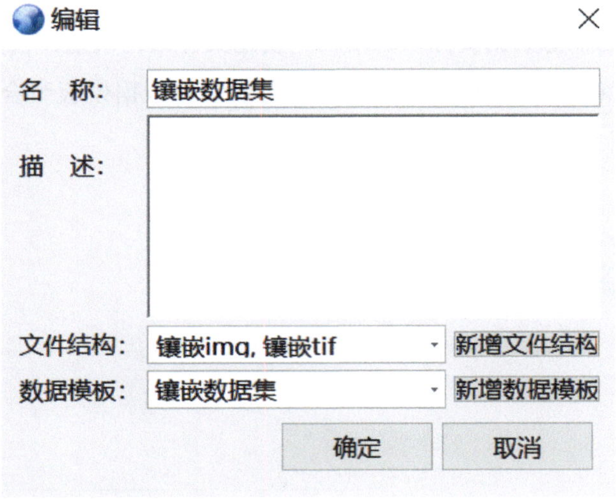

编辑
名　称：镶嵌数据集
描　述：
文件结构：镶嵌img，镶嵌tif　新增文件结构
数据模板：镶嵌数据集　新增数据模板
确定　取消

图 6-6　镶嵌数据集模型构建

根据创建的影像镶嵌数据集模型，创建镶嵌数据集库表（图 6-7）。

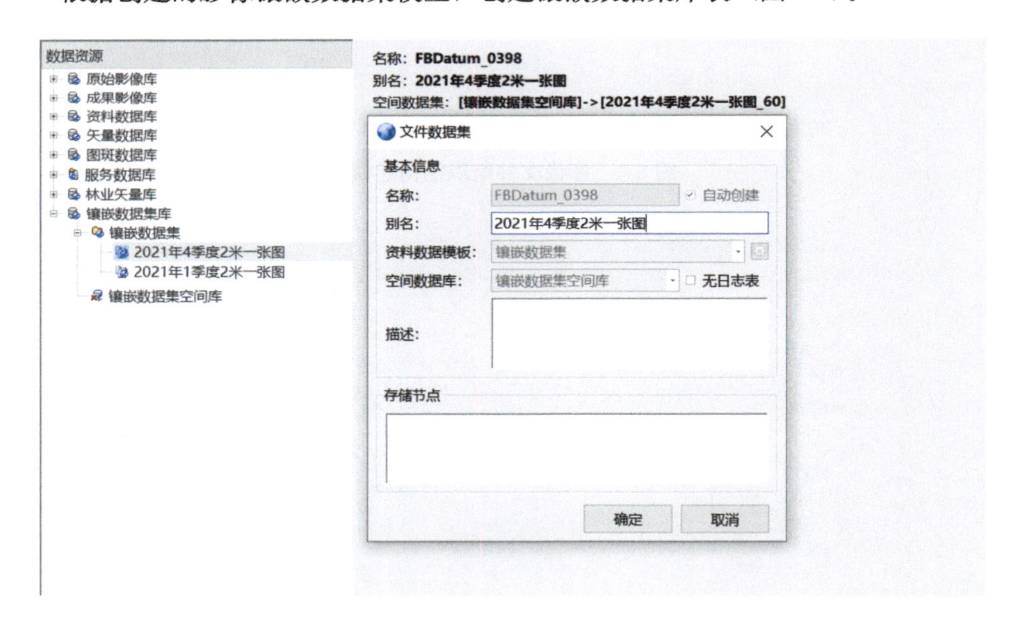

图 6-7　镶嵌数据集库表创建

配置元数据映射、入库插件等信息，创建影像入库方案；创建入库任务，将影像数据入库到对应库表中（图 6-8、图 6-9）。

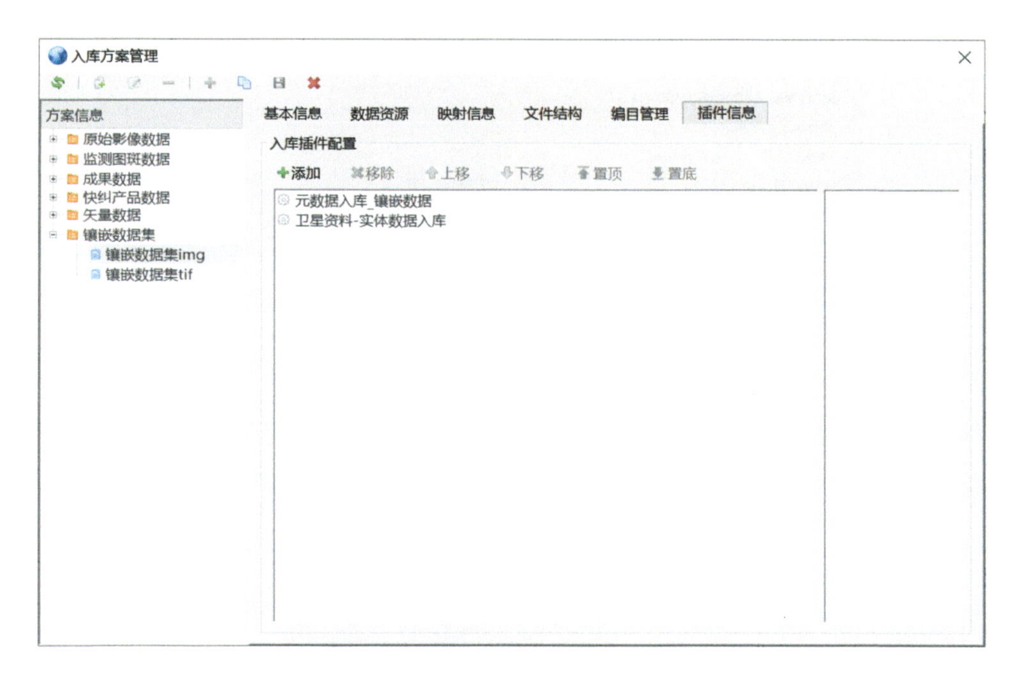

图 6-8 镶嵌数据集入库方案配置

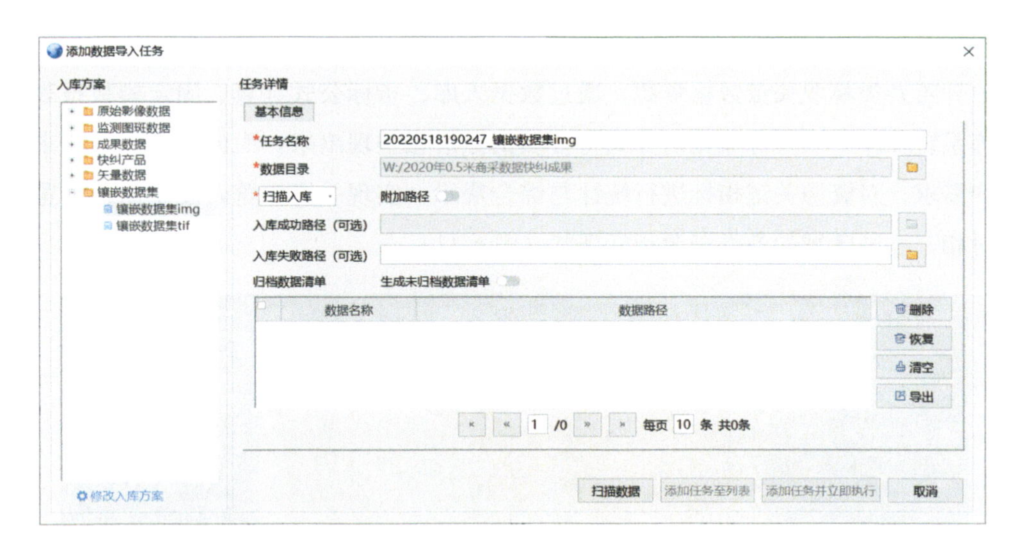

图 6-9 影像数据创建入库任务

定义概视图的范围、概视图级别、起始像元分辨率、重采样因子等参数，并进行概视图创建（图 6-10）。

定义概视图
镶嵌数据集 FBDatum_0400_60
概视图参数设置
重采样方法 最邻近内插法
压缩设置 NONE 压缩质量 80
范围定义(可选)
左 0 右 0 上 0 下 0
概视图分块参数
概视图级数 6
起始像元分辨
瓦片宽 2048
瓦片高 2048
重采样因子 2
输出路径
外部存储 ...
确定 取消

图 6-10　定义概视图参数配置界面

6. 1. 2　数据资源概览

针对各类林业矢量数据资源，通过数据入库、指标公式计算、固定模板报表统计等系统操作，以资源概览的方式将各项指标信息呈现出来。面向业务展示需求及用户需求，对资源关键指标进行统计与综合展示，实现一屏概览，便于用户浏览不同时相、不同区域的各类资源指标现状（图 6-11）。

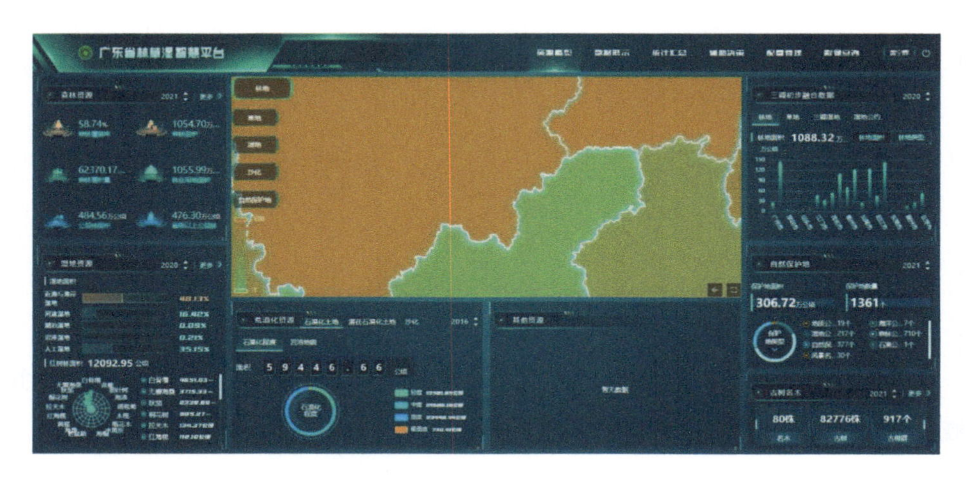

图 6-11　林业资源总体概览

其中针对森林资源管理一张图、湿地调查数据及古树名木资源，除进行关键指标的统计与展示外，还提供更多资源指标详情的统计展示，如森林资源生态评价指标、质量指标、受灾等级等，以及湿地资源中红树林资源的详情分布及优势树种分类等，为用户提供更多的数据资源信息，同时也使用户能够更快速地了解多维度的数据资源信息（图 6-12～图 6-14）。

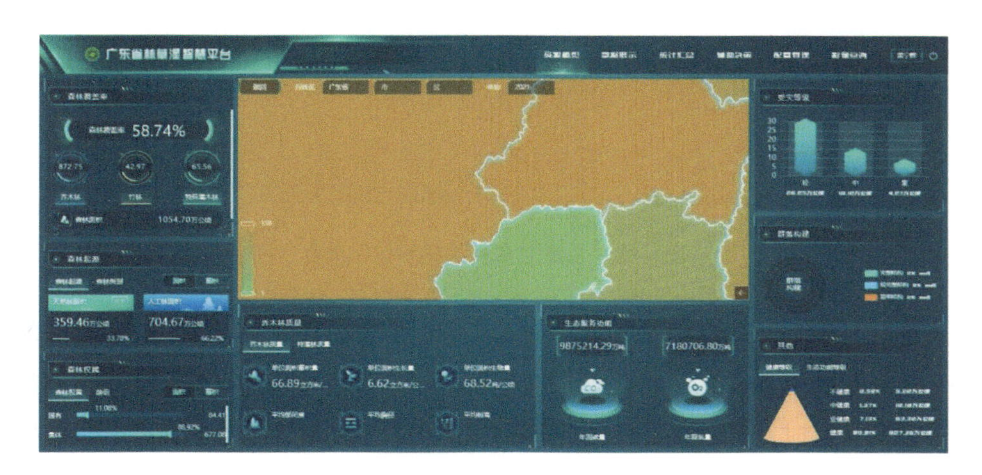

图 6-12　森林资源详细指标浏览

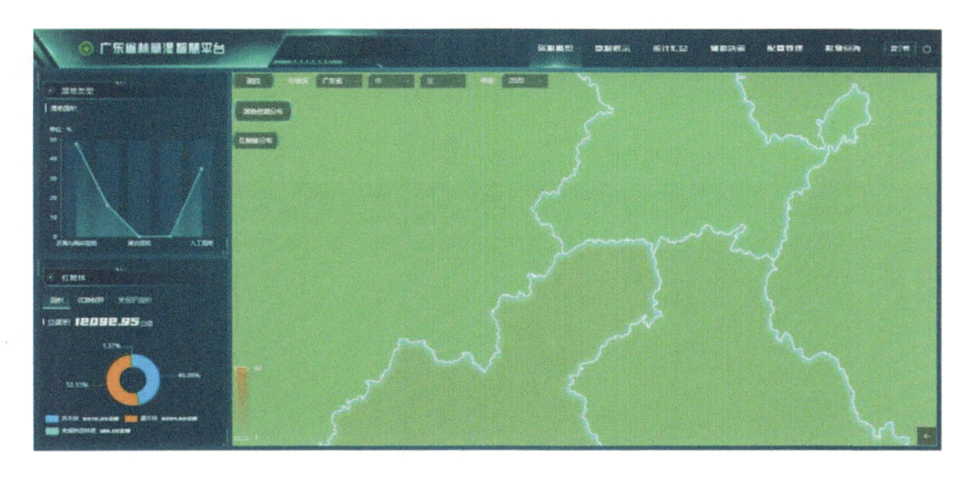

图 6-13　湿地资源详细指标浏览

图 6-14　古树名木资源详细指标浏览

影像数据资源以镶嵌数据集服务的形式发布并展示。相较于传统先切片后发布的形式，镶嵌数据集服务可提供影像服务快速发布展示的能力，大大提高了数据服务的时效性；同时在服务发布后通过将各级服务数据进行缓存，从而达到提升服务浏览效率的要求，最终为用户提供快速、高效的数据服务。

基于一版图影像数据服务，支持多期影像数据服务进行多时相浏览、多期对比浏览以及卷帘浏览，实现多期数据的对比展示，便于了解数据的变化情况及发展状态；同时镶嵌数据集服务也可作为影像底图，辅助其他数据服务的浏览与展示（图 6-15）。

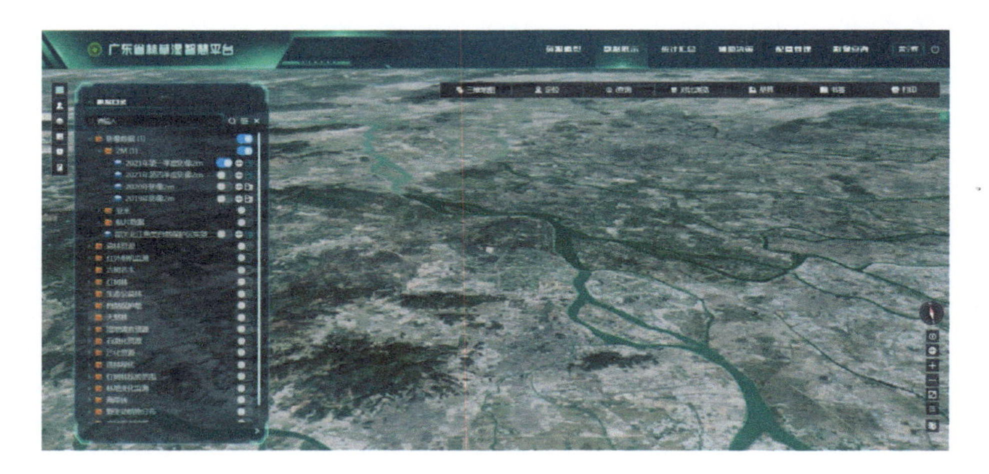

图 6-15　2m 分辨率遥感影像省级一版图

6.2 服务发布实践

数据在 Web 端的展示与服务共享应用，需要通过发布数据服务，以提升数据展示与服务效率，方便应用与共享系统应用实践针对现有的影像数据、矢量数据、三维数据资源，按照发布需求完成各年度数据服务发布工作与服务发布管理工作，为数据资源管理与应用提供支撑。

6.2.1 数据服务发布

数据服务发布包括数据源管理、符号管理、样式管理、地图配置及场景配置。

（1）数据源管理

数据源管理包括矢量数据源、栅格数据源及瓦片数据源管理，支持各类数据源的新增、查看、编辑、删除、搜索功能，支持各类数据源以数据库形式和文件夹形式连接，如图 6-16 所示。

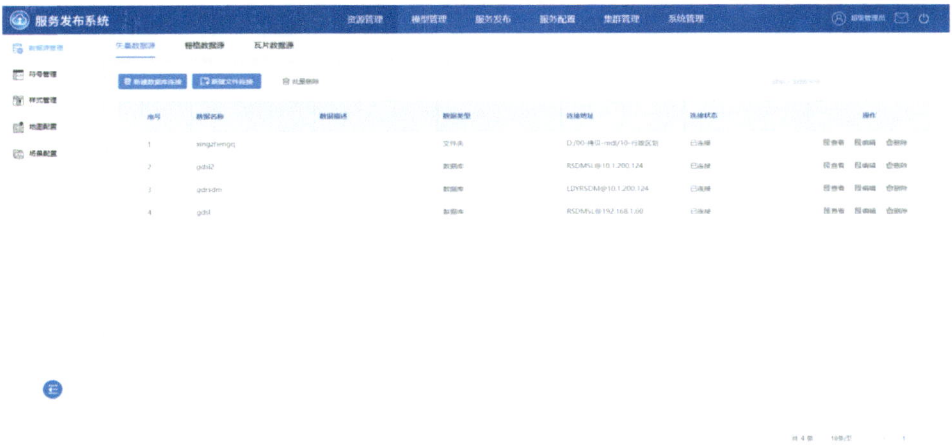

图 6-16　数据源管理界面

（2）符号管理

符号管理主要用于设计并管理服务发布系统的符号，包括符号及符号库的新建、导入、导出、删除等功能（图 6-17）。

（3）样式管理

样式管理用于管理服务发布系统的符号转换成的样式，包括样式库的新建、查看、编辑、删除、查询等功能，以及样式的转入、下载、删除等功能（图 6-18）。

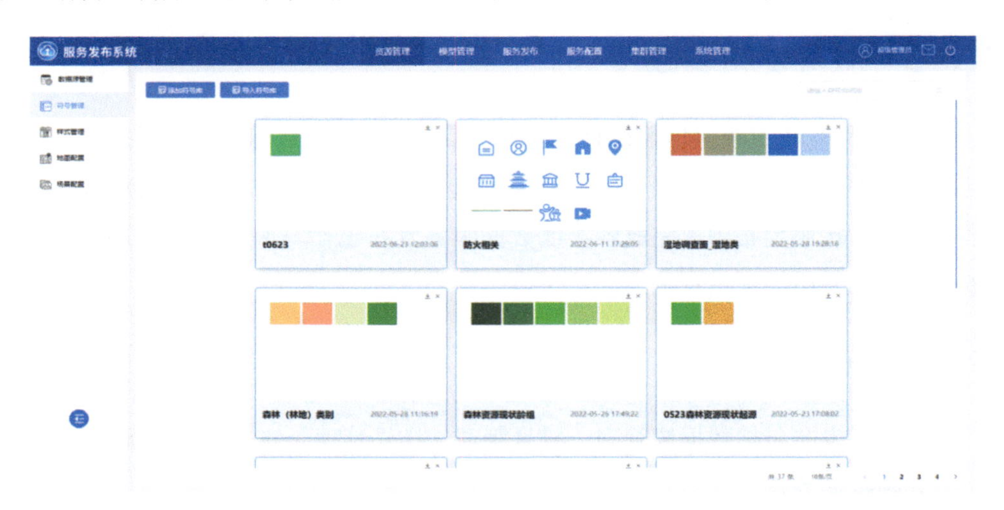

图 6-17　符号管理界面

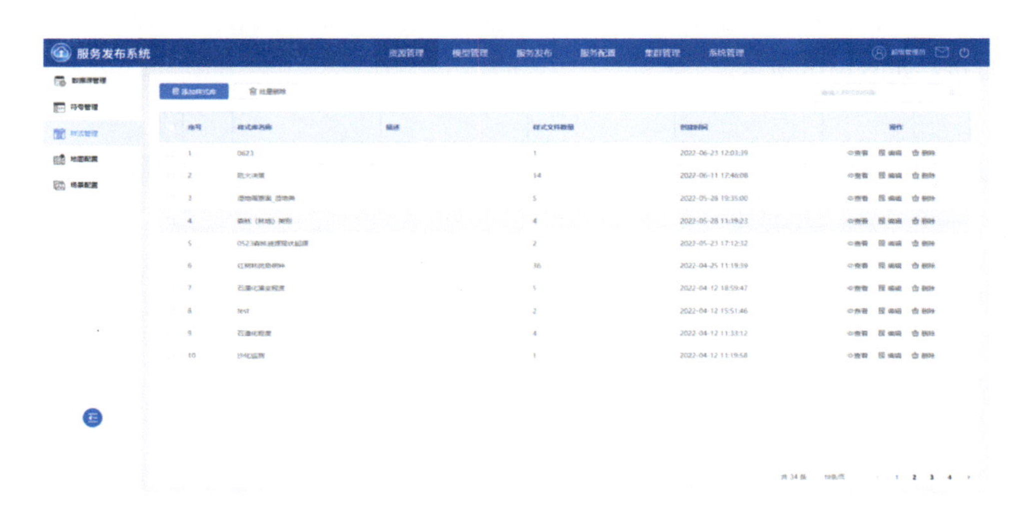

图 6-18　样式管理界面

（4）地图配置

地图配置主要用于创建并管理服务发布系统的在线地图文档，可以直接把在线地图文档发布为各种类型的在线服务。地图配置主要包括地图配置、矢量瓦片地图配置、栅格瓦片地图配置的新建、编辑、删除等功能（图 6-19）。

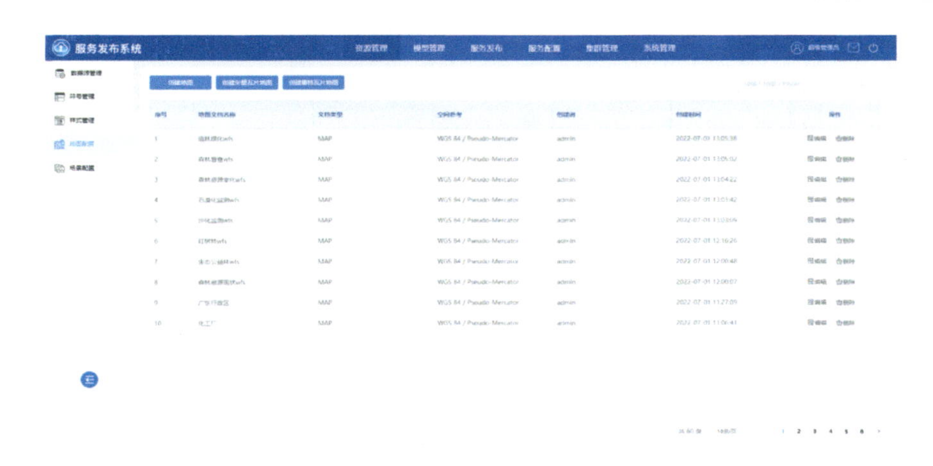

图 6-19　地图配置界面

（5）场景配置

场景配置主要用于创建并管理服务发布系统的在线场景文档，可以直接把在线场景文档发布为在线三维服务。场景配置主要包括场景的新建、编辑、删除等功能（图 6-20）。

图 6-20　场景配置界面

6.2.2　服务发布管理

服务发布管理包括切片方案管理、切片进度管理以及地图服务、三维服务、矢量服务的在线服务管理。

（1）切片方案管理

切片方案主要用于规定 WMTS 服务的空间参考、切片范围、瓦片大小、瓦片层级等参数（图 6-21）。

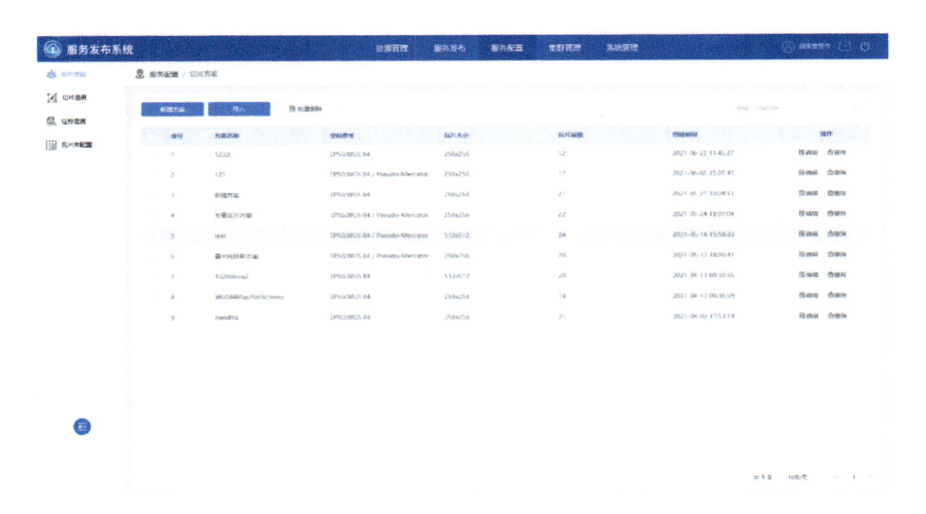

图 6-21　切片方案管理

（2）切片进度管理

切片进度主要用于管理 WMTS 服务缓存时的进度（图 6-22）。

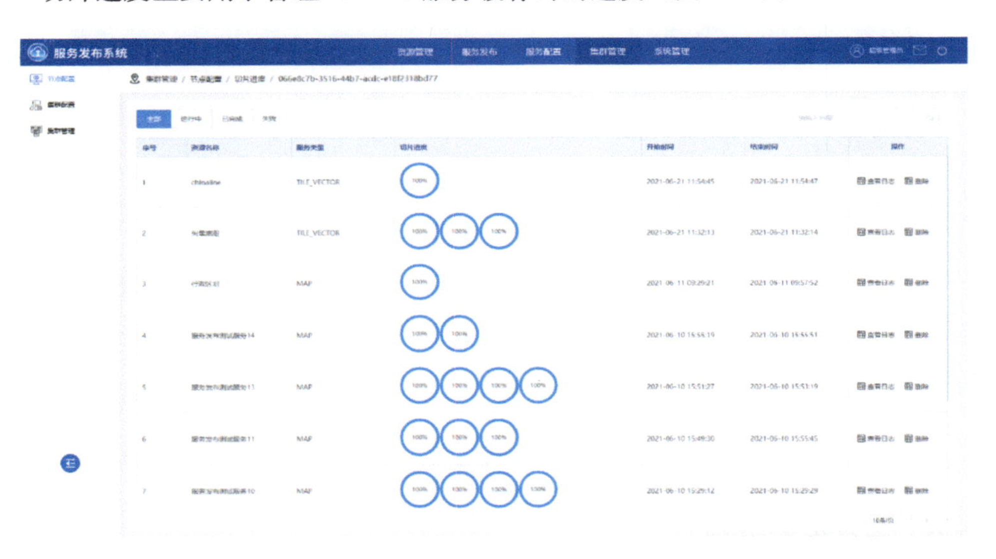

图 6-22　切片进度管理

（3）地图服务管理

地图服务管理可以将地图配置文档发布为 WMS、WFS、WMTS 服务，包括地图服务的发布及服务列表管理，具有服务预览、服务详情查看、服务删除、服务停止等功能（图 6-23）。

图 6-23　地图服务发布管理界面

(4) 三维服务管理

三维服务管理可以将场景配置文档发布为三维场景服务，包括三维服务的发布及服务列表管理，具有服务预览、服务详情查看、服务删除、服务停止等功能（图 6-24）。

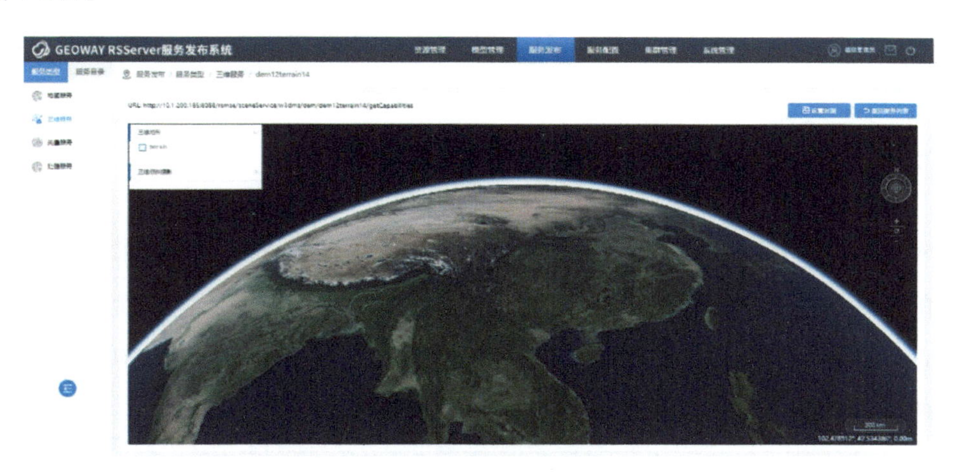

图 6-24　三维服务发布管理界面

(5) 矢量服务管理

矢量服务管理可以将矢量瓦片地图配置文档发布为 WMTS 矢量服务，包括矢量服务的发布及服务列表管理，具有服务预览、服务详情查看、服务删除、服务停止等功能（图 6-25）。

图 6-25　矢量服务发布管理界面

6.3　数据展示实践

数据在进行入库管理与服务发布后，其展现形式要求多样化、多维化，并能够满足多终端的展示服务。系统应用实践针对当前流行的二三维展示场景，以及物联网、流媒体数据接入与展示，构建适用于林业的多样化展示能力，使得林业数据资产“一目了然”，真正实现林业“一张图”服务模式。

6.3.1　二维展示效果

对于多源的林业矢量数据资源，结合业务数据展示需求及用户需求，根据数据资源的关键指标属性字段进行矢量瓦片服务的渲染配置，发布不同属性分类的数据服务，更加直观地展示多种维度的数据服务，便于用户进行数据服务的浏览及数据信息的直观展示（图 6-26、图 6-27）。

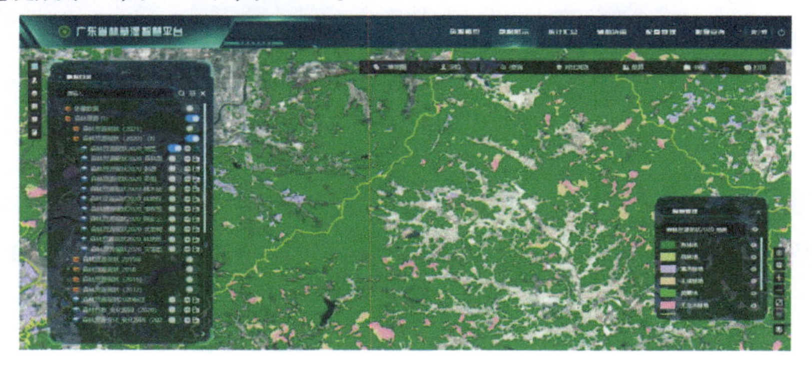

图 6-26　森林资源现状（按地类渲染）

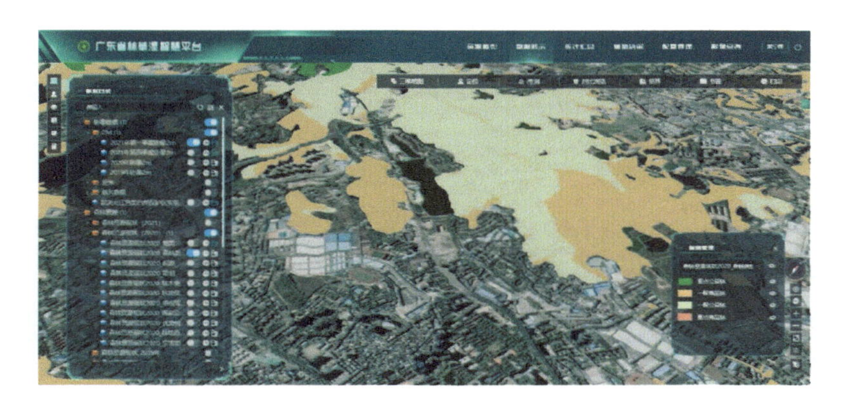

图 6-27　森林资源现状（按森林类别渲染）

数据服务同样支持多期或多个类型数据资源服务的对比浏览，包括多屏对比、卷帘对比及时间轴对比浏览；同时支持选择数据服务进行数据资源的查询，包括 *i* 查询、数据空间查询、属性查询、缓冲区查询等；可根据数据需求进行相应的查询与浏览，并支持检索结果的自定义统计与结果导出，满足用户的服务需求（图 6-28～图 6-31）。

图 6-28　多屏对比

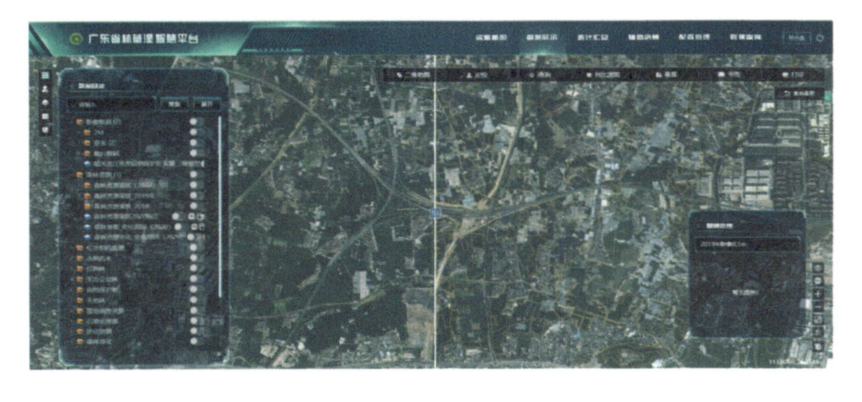

图 6-29　卷帘对比

图 6-30　时态浏览

图 6-31　*i* 查询

6.3.2　三维展示效果

基于多尺度分辨率遥感影像以及地形数据 DEM，构建高精度三维地形场景，满足林业三维可视化应用以及地形分析（图 6-32）。

图 6-32　地形三维展示

基于实景三维数据，建立场景化的三维展示效果，满足精细化三维分析与研究（图 6-33）。

图 6-33　实景三维展示

6.3.3　流媒体数据展示效果

针对林业广泛布设的野外监控探头、红外相机等流媒体数据获取设备，系统应用实践接入流媒体数据，实现在 Web 端实时监测，“放眼千里”，感受与认识生物多样性（图 6-34、图 6-35）。

图 6-34　流媒体接入

图 6-35　流媒体展示

6.4　统计汇总实践

基于林业资源数据库与业务应用需求，考虑数据统计的具体要求与指标，结合用户需求与实际使用体验，系统应用实践过程中建立灵活的统计汇总能力，实现自定义统计及固定模板统计。

6.4.1　自定义统计

自定义统计支持选择需要统计的图层，根据需求自定义统计维度及统计指标，进行相应统计，并支持统计结果导出（图 6-36）。

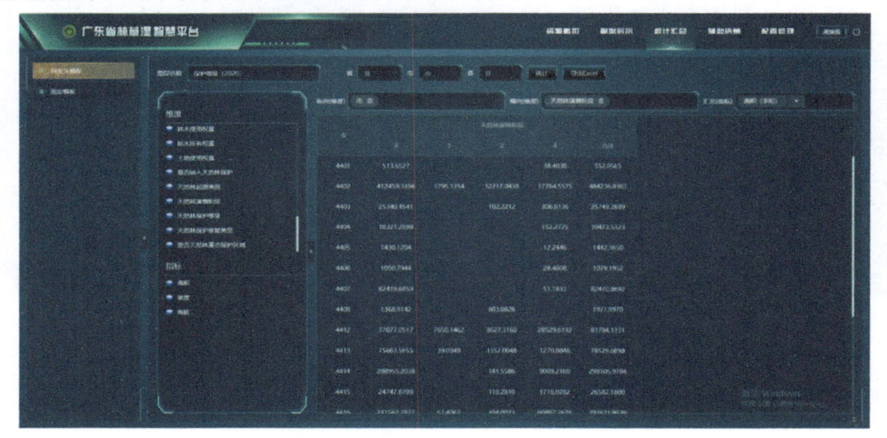

图 6-36　自定义统计

① 选择统计图层：在图层名称列表选择需要统计的对象。

② 设置统计条件：在维度字段列表中选中相应字段，拖到纵向维度及横向维度中；在指标字段列表中选中相应字段拖到汇总指标中；在汇总指标中可选择汇总方式，包括个数、求和、最大值、最小值、平均值。

③ 统计：统计条件设置完成后点击“统计”按钮，进行自定义统计，统计结果以列表形式展示。

④ 统计结果导出：点击“导出 excel”可将当前统计结果导出为 excel 文件。

6.4.2 固定模板统计

固定模板统计支持根据统计模板展示相应的统计报表，包括森林资源、天然林、森林督查等专题统计报表（图 6-37）。

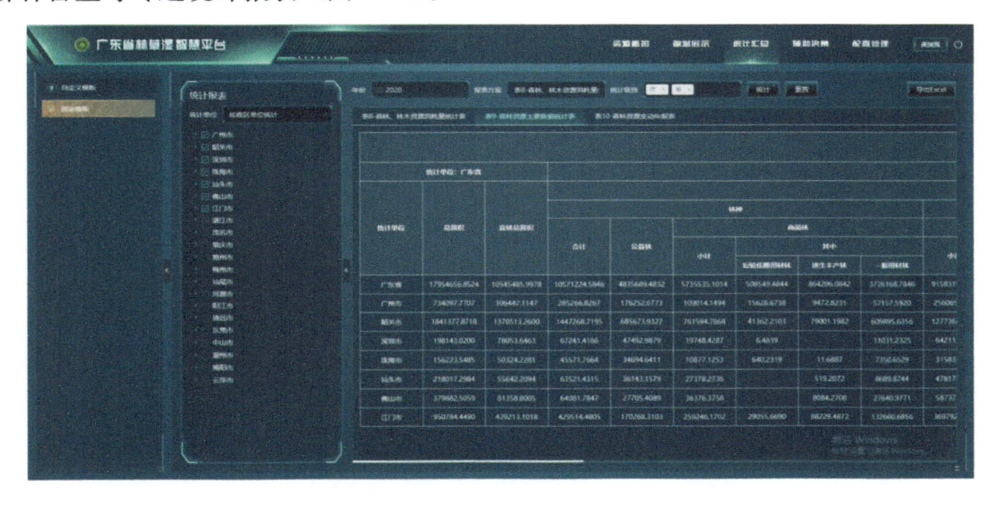

图 6-37　固定模板统计

① 设置统计条件：在左侧统计报表列表中选择统计单位（包括按行政区单位统计和按经营单位统计），及统计行政区；在右侧上方选择统计年份、报表方案、统计级别（省、市、县三级），其中报表方案、统计级别均支持多选。

② 统计：点击“统计”按钮执行固定模板统计，统计报表结果按照模板展示在页面中。

③ 统计报表导出：点击“导出 excel”可将当前统计报表结果导出为 excel 文件；多个报表结果的情况下也是导出为一个 excel 文件。

④ 重置：点击“重置”按钮可将当前统计条件进行重置，重新设置条件进行统计。

6.5 辅助决策实践

林业数据资产的价值体现，很重要的一个方面就是能够为林业业务开展与政务服务提供智能化、快捷化的辅助决策。系统应用实践针对涉林、压占等图层分析能力、三维树种展示以及防火决策分析，提供相应的辅助决策。

6.5.1 图层分析

图层分析支持对单个服务图层、多个服务图层的空间分析与计算，提供图斑压占面积的计算与展示，以及采伐分析的展示等，为领导决策提供辅助参考（图 6-38）。

图 6-38 图层分析

6.5.2 营林三维仿真模拟

针对部分优势树种及景观树种，根据树种生长时期、尺寸等信息进行三维建模，在三维场景下实现树种模型的人工交互操作与展示，实现数字营林三维仿真模拟。通过模型，实现树种不同时期的生长模拟仿真，辅助领导决策（图 6-39、图 6-40）。

图 6-39　营林三维仿真模拟——三维树种库

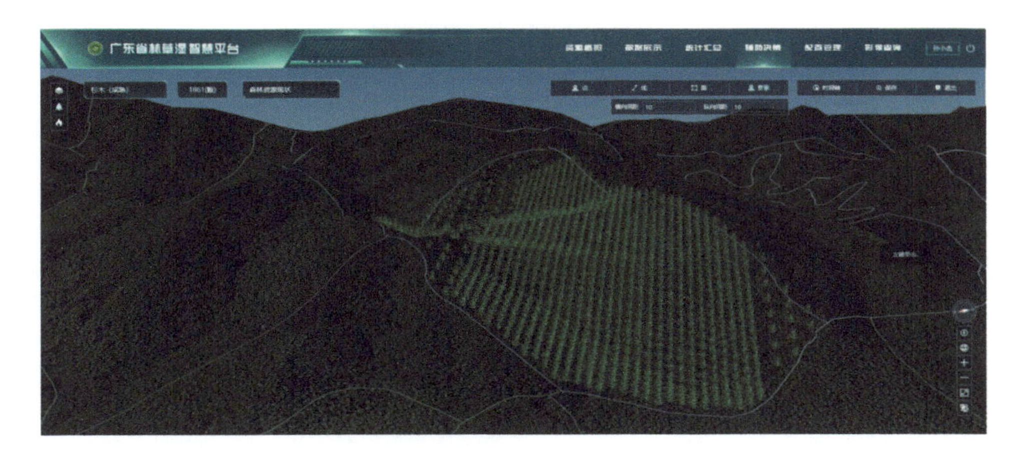

图 6-40　营林三维仿真模拟——交互展示

6.5.3　防火决策分析

利用森林防火监控设备、救援力量和防火设施、重要火源点等防火数据资源，结合林业基础数据，为森林防火日常监测、森林火灾应急指挥提供演练场景，加强森林防火和火灾救援的紧急处置能力。

防火决策分析提供了常规监测与应急监测两种场景，其中常规监测模式作为日常化的防火监测，主要对各类数据资源进行查看与预警；应急监测模式基于各类防火数据资源，设定了森林防火应急演练场景，支持设置虚拟的火源点，可进行缓冲区空间分析，快速定位到缓冲区内涉及的防火设施、重要火源点、森林资源等数据资源，设定防火救援路线的模拟规划，从数据资源层面辅助森林防火决策（图 6-41、图 6-42）。

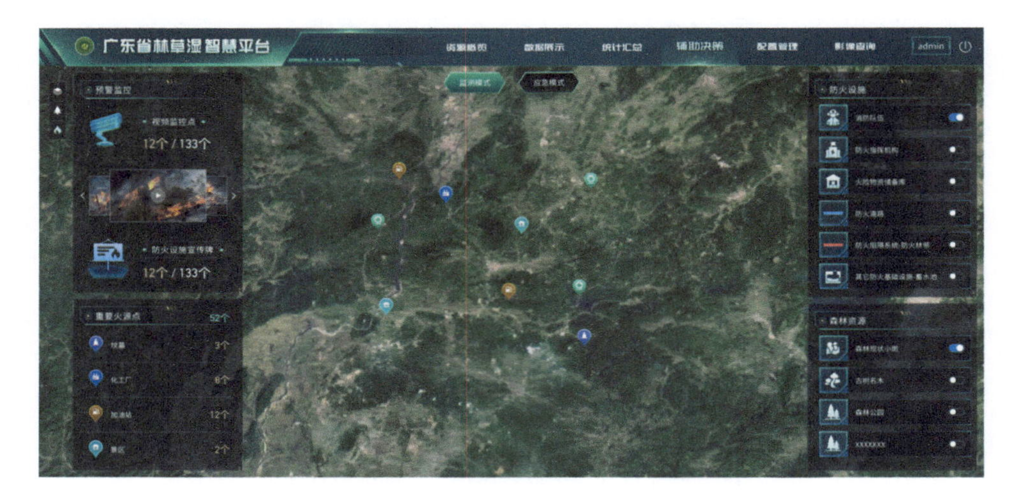

图 6-41　森林防火日常监测模式

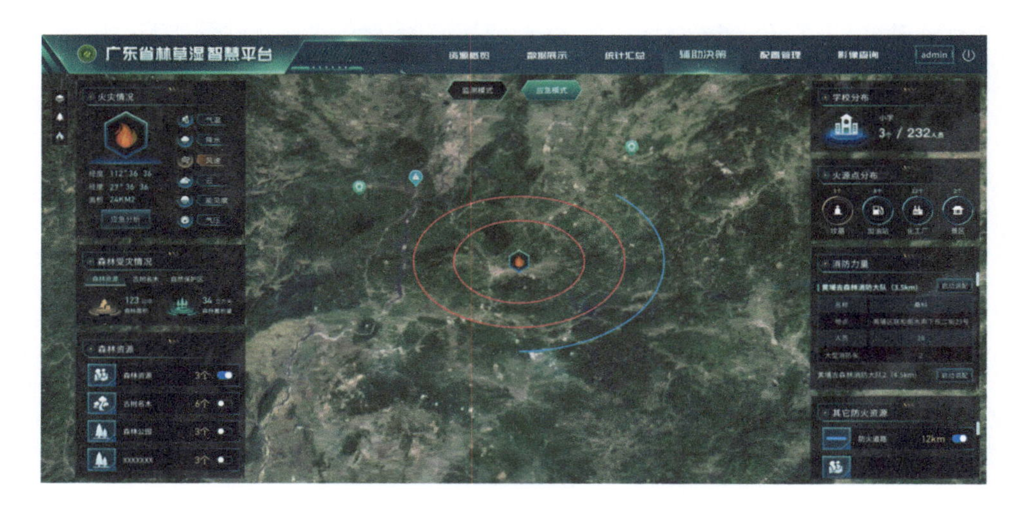

图 6-42　火灾救援应急监测模式

6.6　配置管理实践

配置管理主要提供基础配置操作，包括用户配置管理、服务注册配置管理、数据目录配置管理、数据字典配置管理、用户管理及其他系统配置管理操作等。配置管理是系统应用实践中切实落实系统运维工作的基础，是系统应用服务与统一管理的基础，也是落实信息安全与数据安全的堡垒。

6.6.1 服务注册配置管理

服务注册配置管理包括数据服务和底图服务，将发布的服务接入展示系统。

（1）数据服务配置

数据服务配置针对需要展示的服务，提供服务添加、修改、删除、查询等操作。服务配置完成后，可对该服务进行浏览、查询、统计等操作（图 6-43）。

图 6-43 数据服务配置界面

（2）底图服务管理

底图服务管理面向需要提供底图的数据服务，提供矢量底图、影像底图及地形底图的服务添加、修改、删除等操作。服务配置完成后，可作为底图进行浏览展示（图 6-44）。

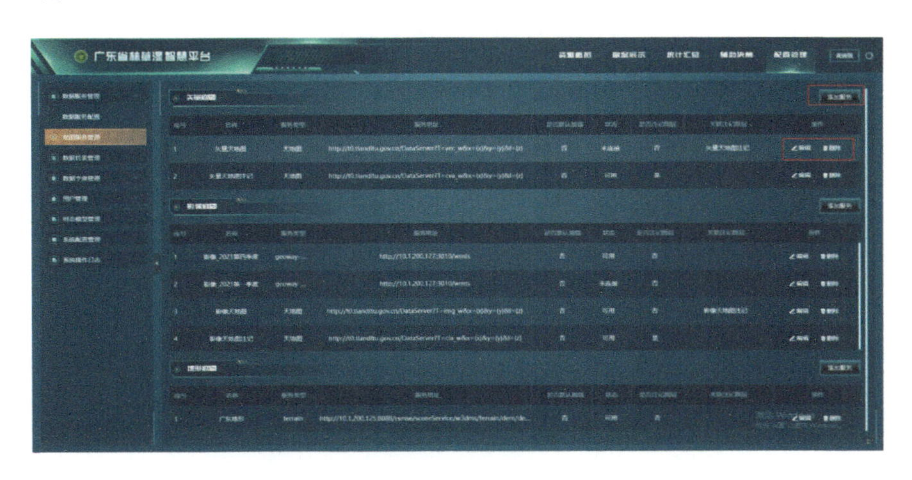

图 6-44 底图服务管理

6.6.2 数据目录配置管理

数据目录配置管理将注册的展示服务进行逻辑化管理与展示，支持多级目录的配置，包括目录新增、编辑、删除、排序等操作（图 6-45）。

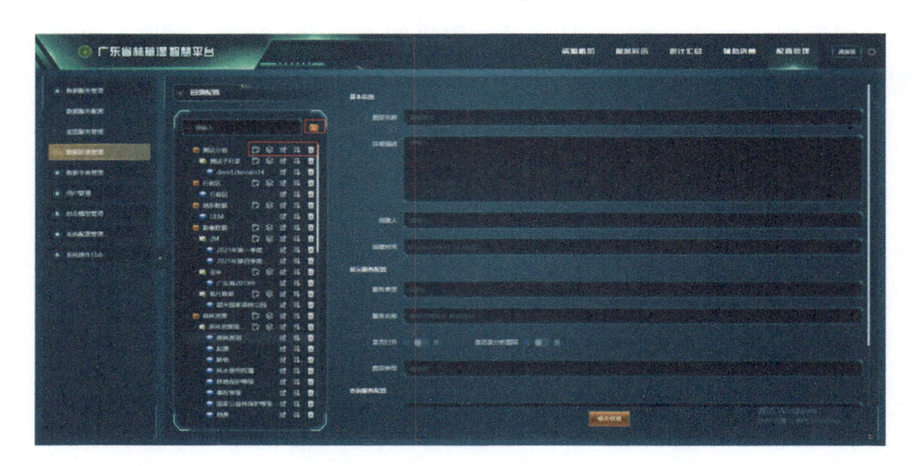

图 6-45　数据目录配置管理

6.6.3 数据字典配置管理

数据字典配置管理针对服务属性字段及字段值，提供属性别名字典配置及属性值字典配置，方便用户进行服务信息浏览。

（1）属性别名字典配置

由于服务字段一般为英文字段，属性别名字典配置服务提供设置服务字段别名的能力，方便用户进行服务字段信息浏览（图 6-46）。

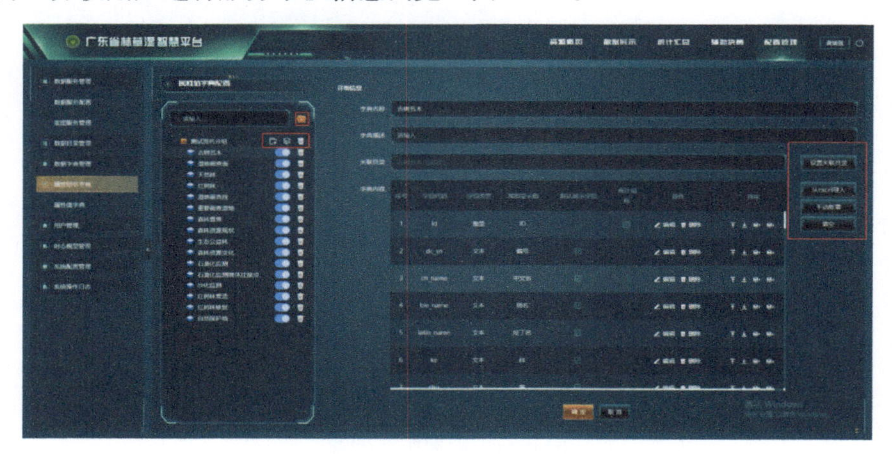

图 6-46　属性别名字典配置

属性别名字典配置支持从 excel 导入字段代码、字段类型、视图显示值等字典配置信息，实现快速字典配置，实现快速字典配置（图 6-47）。

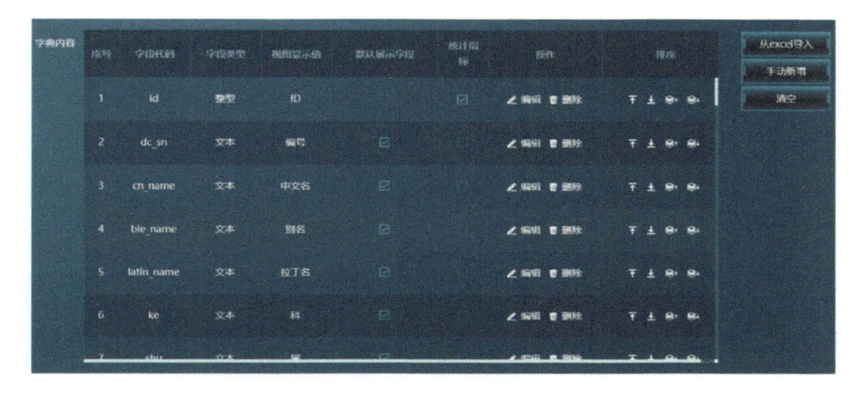

图 6-47　excel 导入字典配置

（2）属性值字典配置

属性值字典配置针对具有代码的字段值进行字典的配置，方便用户浏览（图 6-48、图 6-49）。

图 6-48　属性值字典配置

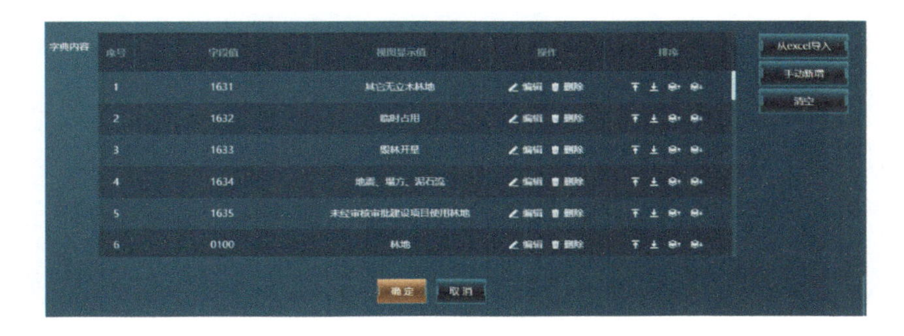

图 6-49　属性值字典样式

6.6.4 用户管理

用户管理包括用户信息管理及用户角色管理，通过用户管理限制系统访问及不同层级用户的权限，保障系统访问及操作安全。

（1）用户信息管理

用户信息管理支持用户新增、用户信息编辑、用户删除、重置密码等操作（图 6-50）。

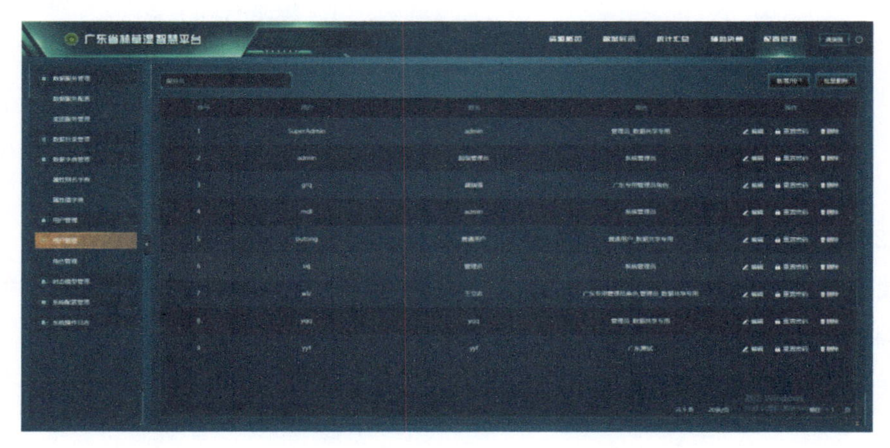

图 6-50 用户信息管理

（2）用户角色管理

用户角色管理赋予用户角色后，可限制用户数据权限及功能权限，保障系统及数据使用安全。用户角色管理主要包括角色新增、权限设置、角色信息编辑、角色删除及角色查询功能（图 6-51）。

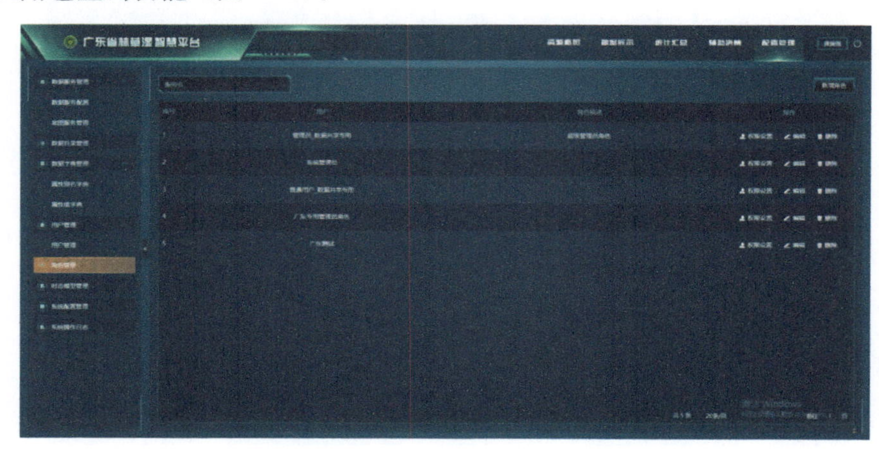

图 6-51 用户角色管理

角色权限的设置包括数据权限设置和功能权限设置。

① 数据权限：在数据权限列表中勾选需要赋予该角色的数据目录，勾选后，具有该角色的用户就可以进行相应数据的操作权限（图 6-52）。

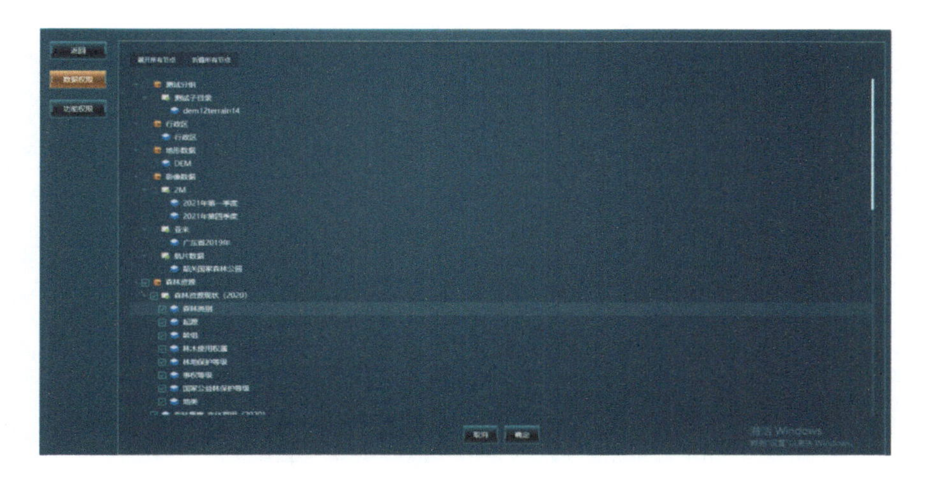

图 6-52　数据权限设置

② 功能权限：在功能权限列表中勾选需要赋予该角色的功能菜单，勾选后，具有该角色的用户就可以进行相应功能的操作权限（图 6-53）。

图 6-53　功能权限设置

6.6.5　系统配置管理

系统配置管理支持通用的系统参数配置，包括数据时态模型配置、数据库资源配置等。

（1）数据时态模型配置

数据时态模型主要是支撑数据时间轴展示，将关联的数据目录通过时态模型联系在一起（图 6-54）。

图 6-54　时态模型管理界面

（2）数据库资源配置

系统配置管理在相应配置页面，配置数据资源所连接的数据库信息，包括数据库资源新增、查看、编辑、删除、查询等操作（图 6-55）。

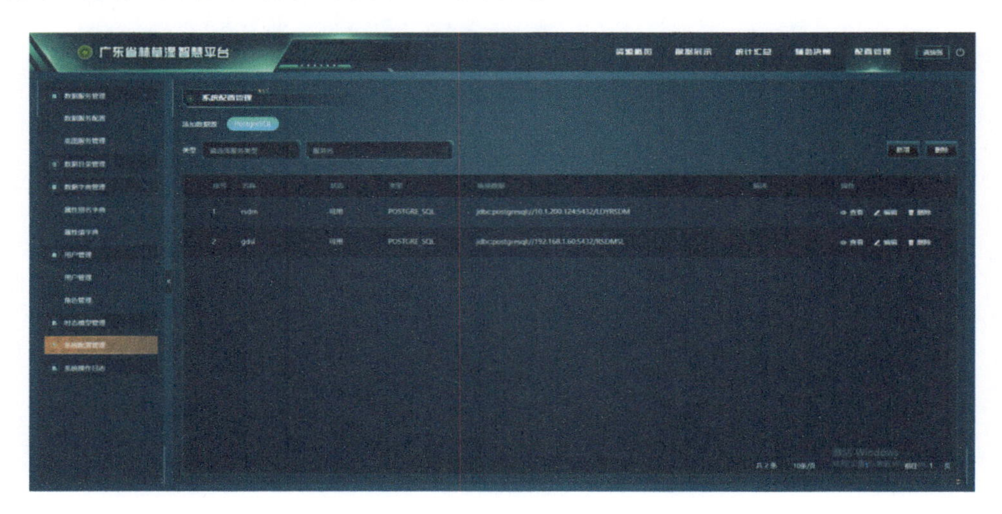

图 6-55　数据库资源配置

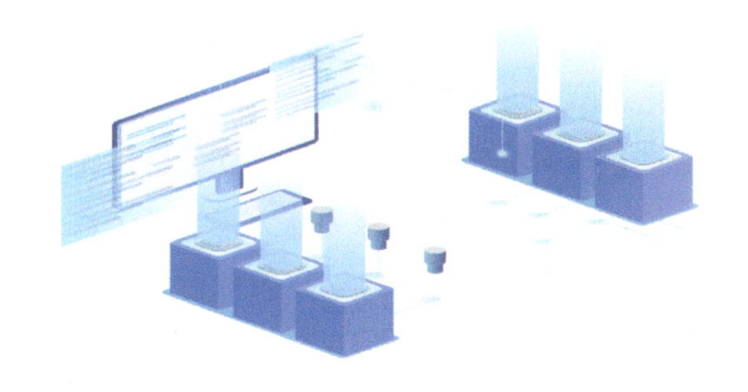

第7章
总结与展望

林业数据管理发布系统是运用计算机技术、数据库管理技术、展示发布技术，以地理信息系统为基础平台，实现数据资源的综合管理、服务发布与多态应用。本章总结了林业数据管理与发布系统的应用实践效果，系统的建立全面提升了林业资源管理的现代化水平和科学决策能力，推进了林业信息化进程；同时，展望了未来林业信息化发展趋势，未来在大数据和人工智能技术的驱动下，林业信息化必将向着智能化、便捷化、个性化和多样化发展。

7.1 实践总结

（1）统一资产管理模式，建立起林业数据基底

林业数据管理发布系统通过构建统一的林业资源数据库，实现了林业数据资源的集中化、图形化管理，并以数据服务的形式提供给各方业务系统统一使用，让应用端可以直接在林业资源数据库中获取适合的数据服务资源以及服务形式，实现了业务底图支撑和带图服务，建立起“用数据说话、用数据决策”的林业资源管理决策服务新模式。

同时，系统建立的林业一体化数据模型，通过汇集林业调查、规划、利用和保护等数据，可形成林业的“一张图、一套数”，进而全面、准确地掌握林业资源“家底”，实现林业资源数据的“众流归海、颗粒归仓”，为林业资源的空间化、精细化管理和信息化、智能化应用提供高效统一的数据驱动和数据底座。

（2）盘活林业数据资产，提升了数据服务效率

林业数据管理与发布系统的应用与实践，在一定程度上打破了“数据壁垒”，切实将数据“从柜子中拿出来，按要求理清楚”，实现了标准化数据库管理与系统应

用，确保了林业数据资产的清晰化和全面化。

系统的应用实践，不但理清了数据资产，还研究了数据内涵，建立了数据关联关系，构建了数据关系图谱，盘活了数据资产，强化了数据服务能力，提升了数据服务效率。同时，系统建立的科学规范的数据管理与服务制度，以及数据全生命周期的各项技术标准规范，落实了数据管理职责，推进了林业信息化建设与生态文明发展。

（3）强化数据增值赋能，强调了数据价值体现

林业数据管理与发布系统建设采用海量数据分布式存储和集成管理、大数据分布式处理框架等技术，支持林业资源数据的海量分析、数据挖掘、数据对比等需求，支撑大数据在林业资源形势分析、决策支持和信息服务的创新和深化，实现了数据规模、数据质量和数据应用水平的同步提升。

同时，基于建立的林业数据库开展服务共享发布、资源综合分析与智能辅助决策等，让数据资源在应用服务中“活起来”，在业务管理中“用起来”，进一步挖掘和释放了林业资源大数据的潜在价值，充分体现数据价值。

7.2　趋势展望

（1）建立多源异构林业三维立体时空数据库

随着林业资源业务应用的不断挖掘和深入研究，以及时序化数据资源的扩充，林业数据资源形式将由二维全面转向三维，数据组织将由分类转向时空，实现纵向上“空—天—地”立体化、横向上“历史－现状－未来”时序化的“林业三维立体时空数据库”。其中三维是指数据维度要从传统的二维数据转换升级为三维数据；立体是指数据管理和应用维度要从单一领域扩展为多层次的林业资源管理和应用；时空是指数据在其生命周期内的变化过程被有效记录、管理和呈现。

基于“林业三维立体时空数据库”建立林业数据多维融合分析能力，实现多源异构数据的关联图谱构建和信息深度挖掘，辅助林业应用决策，并提供更加快捷、更加全面、更加精准和更加有效地研判和预测，促进大数据时代下的林业向智能化、多样化、全面化的发展。

（2）建设数字化环境下的林业万物互联体系

在时代发展和市场需求不断变化，以及万物互联的大趋势下，物联网技术作为互联网应用的拓展，必将融入林业数据的管理与应用。物联感知数据是重要的数据

资源，当数据应用与设施设备实现真正意义上的“万物互联”时，将能打造多域空间的知识图谱，形成业务的全局视图，从而提升端到端的用户体验。

建设数字化环境下的林业万物互联体系，是综合应用互联网、无线集群、3S、北斗导航等多种手段，以立体感知设备为支撑，先统筹规划林业立体感知基础设施建设，实现“空天地一体”的林业全方位监测和预警；再在统一服务平台上接入各种互联设备，实现物联设备的规划布局、设备状态监控和实时信息获取，以及数据的智能应用。

（3）构建 AI 驱动的林业数据资源管理与应用

当前，全球信息进入人工智能新阶段，随着人工智能理论的不断发展，人工智能技术将进一步应用到林业信息化的各个领域，也必将在林业数据资源管理与应用中发挥重要作用。利用卫星遥感、地理信息、空间媒体、社会经济等时空大数据，利用深度学习、神经网络等人工智能技术，进行林业数据的深度挖掘、关键信息提取和辅助决策分析等，实现林业资源的实时、动态监测和管理，将更透彻地感知并摸清生态环境状况、遏制生态危机，更深入地监测预警事件、支撑生态行动、预防生态灾害。

未来，物联网、云计算、大数据、人工智能等新一代信息技术在林业数据资源管理和服务应用方面的创新，将助力林业资源信息的整合，实现林业数据共建共享、统一管理和服务；人工智能技术与林业业务的充分融合，将使林业信息决策管理定量化、精细化，林业信息服务多样化、专业化和智能化，推进“智慧林业”进一步向纵深发展。

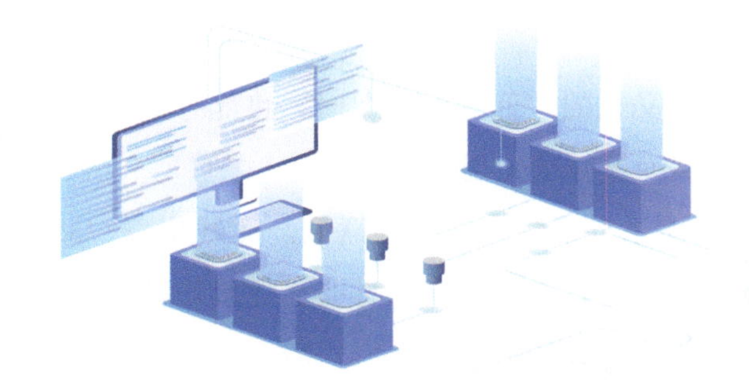

参考文献

[1] 中华人民共和国国民经济和社会发展第十四个五年规划和 2035 年远景目标纲要[Z]. 2021.

[2] 中央网络安全和信息化委员会．“十四五”国家信息化规划[Z]. 2021.

[3] 国家林业和草原局，国家发展和改革委员会．“十四五”林业草原保护发展规划纲要[Z]. 2021.

[4] 陈鹏．基于 WEBGIS 的数字林业管理平台关键技术及其应用研究[D]. 南京：南京农业大学，2006.

[5] 赵尘．国外森林工程计算机应用研究的进展[J]. 林业资源管理，1995(2)：8-9.

[6] 鲁宁．分布式森林资源信息管理系统研究[D]. 昆明：西南林学院，2008.

[7] 赵立超．林业资源管理信息系统开发研究[D]. 西安：长安大学，2013.

[8] 李云云．浅析 B/S 端和 C/S 端体系结构[J]. 科学之友，2011(1)：6-8.

[9] 宋春花．C++程序设计[M]. 北京：人民邮电出版社，2017.

[10] 艾朱黄力特，保罗埃祖．C++设计模式——基于 Qt4 开源跨平台开发框架[M]. 李仁见，战晓明，译．北京：清华大学出版社，2007.

[11] 袁枭，王炎鑫，宋绪政．Java 语言的特点与 C++语言的比较研究[J]. 科技创新与应用，2016(28)：101.

[12] 陈琦．QT 的编程技术及应用[J]. 科技信息，2008(33)：503-504.

[13] 徐智宇．基于 B/S 端架构的工具管理系统设计与实现[D]. 北京：北京交通大学，2022.

[14] 项阳阳．Web 前端框架技术综述[J]. 电子技术与软件工程，2020(24)：58-59.

[15] 方生．基于“MVVM”模式的“Web”前端的设计与实现[D]. 芜湖：安徽商贸职业技术学院，2021.

[16] 彭杰．基于切片地图 Web 服务的地理信息发布技术研究[D]. 杭州：浙江大学，2011.

[17] 王乐谦．基于 Web 服务的海洋预报数据可视化发布技术研究[D]. 青岛：中国石油大学(华东)，2017.

[18] 武新立，朱明，苏厚勤．基于 SOA 业务协同平台体系架构的设计与实现[J]. 计算机应用与

软件，2011(2)：166-168+198.

[19] 龙新征，彭一明，李若淼．基于微服务框架的信息服务平台[J]. 东南大学学报(自然科学版)，2017(S1)：48-52.

[20] [印]拉杰什·R.，V.(Rajesh，R，V). Spring 微服务架构设计[M]. 杨文其，译．2 版．北京：人民邮电出版社，2020.

[21] 马荣彦．Spring Cloud 微服务框架浅析[J]. 现代电影技术，2021(10)：47-50.

[22] 李娜．基于 Spring Cloud 微服务架构的应用[J]. 电子技术与软件工程，2019(12)：142.

[23] 王朝阳．微服务在分布式网盘中的应用与研究[D]. 北京：华北电力大学，2021.

[24] 付曜华．基于微服务架构的数据分析平台的设计与实现[D]. 北京：北京邮电大学，2020.

[25] 胡绍轩．基于 Spring Cloud 的教务管理系统的设计与实现[D]. 长春：吉林大学，2022.

[26] 李浪．基于微服务网关 Zuul 的 TCP 功能扩展和限流研究[D]. 武汉：武汉理工大学，2019.

[27] 龚健雅．当代 GIS 的若干理论与技术[M]. 武汉：武汉测绘科技大学出版社，2000.

[28] 吕宁．基于 WebGIS 的网络地图服务的设计与实现[D]. 武汉：中国地质大学，2006.

[29] 马林兵．WebGIS 技术原理与应用开发[M]. 2 版．北京：科学出版社，2019.

[30] 卜坤，王卷乐．开源 WebGIS：地图发布与地图服务[M]. 北京：科学出版社，2020.

[31] 熊登亮，赵俊三，贵仁义，等．基于 WebGIS 的网络国土资源信息系统的设计与实现[J]. 地理信息世界，2006，4(5)：17-20.

[32] 陈波．基于 GeoServer 构建地理大数据服务[J]. 长江信息通信，2021(8)：66-68+71.

[33] 钱惠斌．基于 OGC 标准的空间数据共享关键技术研究[D]. 杭州：浙江大学，2006.

[34] 王少波，解建仓，王晓辉．基于 OGC WMS 规范的 WebGIS 开发与应用[J]. 计算机工程与应用，2006(35)：226-229.

[35] 李津平，任应超，杨崇俊，等．基于流水线模式的 OpenGIS WMS 实现[J]. 计算机工程，2006(11)：61-63.

[36] 黄玉青，贠建明，赵雅鹏，等．基于 WebGL 的三维 WebGIS 应用研究[J]. 测绘技术装备，2017(2)：33-38.

[37] 朱栩逸，苗放．基于 Cesium 的三维 WebGIS 研究及开发[J]. 科技创新导报，2015(34)：9-11+16.

[38] 孙晓鹏，张芳，应国伟，等．基于 Cesium.js 和天地图的三维场景构建方法[J]. 地理空间信息，2018(1)：65-67+8.

[39] 郭明强．WebGIS 之 OpenLayers 全面解析[M]. 北京：电子工业出版社，2019.

[40] 曹雷．基于 OpenLayers 的在线地图服务融合系统研究[J]. 测绘与空间地理信息，2021(1)：116-118+121.

[41] 李若兰．基于 Nginx 的 Web 服务器优化的应用研究[J]. 科技风，2021(9)：119-120.

[42] 陈思．基于 Nginx 和 Redis 的高并发 Web 场景下缓存的研究与设计[D]. 南昌：东华理工大

学，2021.

[43] 黄冰倩，卢鹏，岳彩荣．基于镶嵌数据集进行海量栅格数据库构建及空间可视化检索方法的探索[J]. 林业科技通讯，2021(1)：16-18.

[44] 范梦琪，宋伟东，郑人维等．基于矢量瓦片技术的 Web 电子海图优化方法[J]. 海洋科学，2021(2)：68-75.